普通高等教育"十三五"规划教材

教育部人文社会科学研究《民间传统手工艺在高校素质教育中的实践研究》项目成果

传统首饰：技法与创作

满芊何 著

北京理工大学出版社
BEIJING INSTITUTE OF TECHNOLOGY PRESS

图书在版编目（CIP）数据

传统首饰：技法与创作/满芊何著 . —北京：北京理工大学出版社，2018.11

ISBN 978 – 7 – 5682 – 6443 – 3

Ⅰ.①传…　Ⅱ.①满…　Ⅲ.①首饰 – 制作 – 教材　Ⅳ.①TS934.3

中国版本图书馆 CIP 数据核字（2018）第 246277 号

出版发行／北京理工大学出版社有限责任公司

社　　址／北京市海淀区中关村南大街 5 号

邮　　编／100081

电　　话／（010）68914775（总编室）

　　　　　（010）82562903（教材售后服务热线）

　　　　　（010）68948351（其他图书服务热线）

网　　址／http：//www.bitpress.com.cn

经　　销／全国各地新华书店

印　　刷／北京市雅迪彩色印刷有限公司

开　　本／787 毫米 × 1092 毫米　1/16

印　　张／15.25　　　　　　　　　　　　责任编辑／张慧峰

字　　数／258 千字　　　　　　　　　　　文案编辑／张慧峰

版　　次／2018 年 11 月第 1 版　2018 年 11 月第 1 次印刷　　责任校对／周瑞红

定　　价／90.00 元　　　　　　　　　　　责任印制／李志强

前言

　　首饰，自古以来被视为财富的象征，同时也具有表现社会地位、身份及审美的功能。从新生婴儿的银手镯到周岁的长命百岁锁，从平常人家结婚的嫁妆到王公贵族的殡葬品；从寻常百姓的金银饰品到皇亲国戚的凤冠霞帔……首饰始终伴随着人们生命的重要阶段，成为记载人们生命瞬间的有益标志，承载着民族的审美文化，凝聚了中华民族特有的精神内涵。正因如此，传统首饰在中华民族的生活中占有极其重要的地位。

　　我国的传统首饰具有几千年的悠久历史，工艺形式非常丰富。有春秋时期的金银错工艺，有唐代的金银器錾刻工艺，有明清时期享誉中外的景泰蓝工艺，有精细极致的花丝工艺，有各种宝石的镶嵌工艺，还有与青铜器同源的铸造工艺，等等。时至今日，这些工艺仍然被广泛应用，具有良好的艺术效果。同时，由于我国地域辽阔，多民族文化共存共荣，不同的传统首饰工艺在各个民族和地区也有着自己的民族特色。本书以传统工艺的种类为线索，结合多民族多地区的传统首饰工艺展开论述，呈现了大量的田野考察图片和文字资料，给出最直观的信息，希望能够给读者展现一个立体的传统首饰工艺概况。

　　随着经济的发展，传统首饰越来越多地受到人们的喜爱和关注，人们对传统首饰的审美欣赏能力和包容度在不断地提高。多种现代材料与传统工艺结合，更好地满足了人们追求首饰与服饰的搭配和个性化的需求。

　　传统首饰的种类繁多，本书选择最常见最核心的五种工艺形式进行剖析，由传统首饰的历史切入，逐一介绍传统首饰的概念、分类、材料、工具和技法。作为实践类书籍，重点之一在于案例介绍。在书的最后一章展示了多个案，以帮助读者理解和掌握工艺的细节。希望将核心的实践步骤无保留地介绍给首饰设计师、首饰制作工艺师、首饰爱好者和学生，同时希望他们能够有机会根据本书中所描述的详细资料，结合自己的实践，创作出优秀的首饰作品。

作　者

第一章

传统首饰发展概要

一、从商代至汉代，由萌芽到发展的传统首饰

纵观我国首饰发展的历史，从商代到汉代早期，我国首饰主要依附于三种载体：玉石、牙骨和金银。在已出土的文物当中，玉石和牙骨雕刻的工艺较为完备，而金银首饰只形成初步的发展趋势，并没有形成独立的体系。

我国出土了大量的商代金饰物，其中包括在河南殷墟中心区域出土的金片、金叶子、金箔；1977 年在北京平谷刘家河出土的商代晚期的金耳坠、金臂钏、金笄；1986 年在四川广汉三星堆出土的包金面具、金杖和金面鱼形饰；在山西石楼出土的商晚期金质弓形饰物，在山西保德出土的赤金弓形饰物等。这些饰物在一定程度上反映出商代金器的特征。由于银的冶炼技术晚于金，因此在出土的商代饰物中基本都是金器。

那么，为什么在商代，青铜器的数量远远多于金器呢？原因可能有三个：其一用途不同，金器和首饰与生活相关，而青铜器是祭器与精神相关。在当时社会生产条件下统治者对于上天和神灵的崇敬，大量的人力和物力用于制作礼器和祭器，祈求天神保佑平安，赐予好的收成。因此，祭祀使用的青铜器种类不断增多，纹饰也越来越精美。其二材料特性不同，金的材质过软，容易变形；而青铜更加坚固耐用。其三，冶炼技术不同，商代出土的平谷金饰的含金量在 85%，这个含金量金在自然界也有可能存在。而青铜的冶炼技术和配比方式在商代相当成熟，因此青铜器的数量远多于金器。

与此同时，商代人同样被金子的璀璨和光泽所吸引。四川广汉三星堆出土的包金青铜像（见图 1-1）、金面鱼形饰，殷墟妇好墓

图 1-1　包金青铜像（商）

图 1-2　太阳神鸟（商）

图 1-3　金盏、金匕（战国）

出土的包金铜虎，四川成都金沙遗址出土的太阳神鸟（见图 1-2）都是很好的例证。以上所提到的几种饰物都是以金片来装饰物体表面，金的加工工艺主要体现在片材方面，这说明商代人已经了解了金的延展特性，并掌握了金属的锤碟工艺方法。

经过了周朝金属加工工艺经验的积累，人们对金属工艺的认知更加深入。到了春秋战国时期，金的加工方法由锤碟工艺发展到了更加立体化和多元化的铸造、錾刻、金银错和镶嵌等工艺技法。

首先，金银的铸造工艺借鉴了青铜器的失蜡法，而且铸造工艺更加精湛。如1978 年湖北随县出土的战国曾侯乙墓金盏、金匕（见图 1-3），不仅铸造出了整个

第一章　传统首饰发展概要

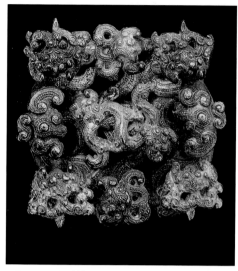

图1-4　八螭咬兽纹金饰（战国）

器形，而且还铸造出器物上面细密的蟠螭纹和云纹。战国八螭咬兽纹金饰（见图1-4），整体做透雕形，通过八条蟠螭塑造出丰富的层次变化，其中二螭口咬类似鹿形动物，另一螭口咬小螭，其他蟠螭则缠绕于涡旋纹饰中。八螭咬兽纹金饰铸工精美，是战国时期黄金工艺的一件代表作。

其次，金银错是古代金属细金装饰技法之一，也称"错金银"。做法是用金银丝或金银片嵌入青铜器表面，构成纹饰或文字，然后用错石（即磨石）错平磨光。金银错是我国春秋时期发展成熟的一种金属工艺。此后经过历代的传承，金银错的胎体也更加丰富，有铁、银、铜、合金、大漆、木等。1957年，河南信阳长台关出土的战国楚墓5件金银错带钩，四川昭化出土的1件战国犀牛形金银错带钩，以及著名的宴乐水陆攻战铜壶（见图1-5）都堪称金银错工艺的典范。国内现存两件宴乐水陆攻战铜壶：一件是传世之作，

　图1-5　宴乐水陆攻战铜壶（战国）

图 1-6　包金镶玉嵌琉璃银带钩（战国）

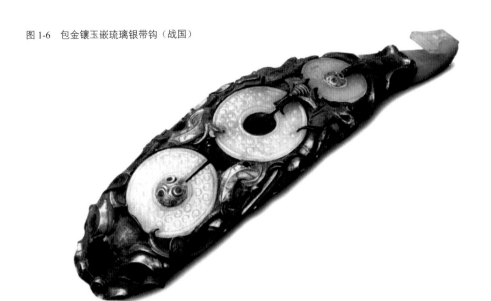

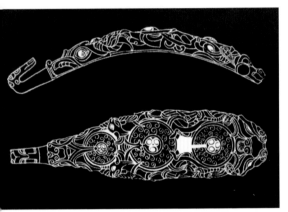

图 1-7　包金镶玉嵌琉璃银带钩纹饰（战国）

藏于北京故宫博物院；一件于 1965 年在成都百花潭出土，此铜壶整个壶身采用金银错工艺制作剪影效果，以三角云纹为界，描绘了三层六组图案。第一层左侧为射猎图，右侧是采桑画面；第二层左侧是盛大的宴客场面，右侧是弋射场景；第三层左侧是攻城战，右侧是水战，场景异常激烈，令人惊心动魄。金银错的出现使得传统首饰在材质应用上向前迈进了一大步，丰富了饰物的色彩和质感。

再次，錾刻工艺是利用錾刻工具在金属表面勾勒线条或反复锤碟形成浮雕效果的一种工艺形式。錾刻工艺作品立体感强，视觉上更加厚重，纹样刻画细致入微，对其后的首饰工艺发展起到了良好的引领作用。时至今日，錾刻工艺仍然是一个广泛应用的传统首饰工艺种类。

最后，镶嵌工艺是将宝石用各种适当的方法固定在托架上的一种工艺，是一门高水平的技艺。玉石加工工艺相对完善，为金银与玉的结合提供了良好的保障。1951 年河南辉县固围村出土了战国包金镶玉嵌琉璃银带钩（见图 1-6、图 1-7）。此银带钩综合运用了金、银、玉、琉璃四种材料，采用镶、嵌、

图1-8 "文帝行玺"金印（西汉）

图1-9 "右夫人玺"金印（西汉）

图1-10 "泰子"金印（西汉）

包等手法，尽显战国工艺的"材美工巧"。它以银作为琵琶底托，中间包金兽首，两侧为夔龙，其间镶嵌三块阴刻黄玉璧，璧中嵌传统纹饰的琉璃宝珠，钩头为黄色玉龙头，与玉璧相呼应。

新工艺的产生与当时的社会形态和价值观念息息相关。春秋以来，各诸侯国之间相互往来游说，宴请所用的食具往往体现出国家的实力，因此，金银玉器代替了庄严的青铜器。往来的学者儒士衣冠服饰体现出个人的社会地位和品位。金银制的冠和带钩成为男子的身份象征。战国时期，各个诸侯国相继发展自己的势力，车马集中体现了皇权和国家的军事实力。大量精美的金银器和青铜器的混合物件被打造成车辆的装饰品。由此可见，社会风尚的变化为金银细金工艺的发展提供了内在需求力。

纵观整个工艺美术的发展历史，战国时期以金银和宝石为主的生活用具，已经取代了商代以祭祀为目的的青铜器，金属工艺的重心悄然发生了转变。延续几千年的传统贵金属首饰初见雏形。

汉代的金银首饰呈现双线发展的态势。

一方面，传统的汉族中原贵族把黄金当作权力和地位的象征，将金银应用于制作印章或储存起来保值。如1983年广东省广州市象岗山出土的西汉南越王"文帝行玺"金印（见图1-8）"右夫人玺"金印（见图1-9）和"泰子"金印（图1-10）。同时由于丝绸之路的开通，使得异域文化输入中原。其中波斯文化中的炸珠工艺对中原金属工艺影响深远。

炸珠是古代金工传统工艺之一。做法是将黄金溶液滴入温水中，形成大小不等的金珠，谓之"炸珠"。或者，也可以把金碎屑放在炭火上加热，熔化时金屑呈露滴状，冷却后成小金珠。炸珠通常和掐丝编织镶嵌等工艺一同使用，汉代这种工艺就已经出现，唐代仍然盛行。1980年，江苏省邗江县甘泉镇二号墓出土的东汉火焰形龙纹金饰，以及王冠八角形金饰、盾形金饰、品形金饰都是炸珠工艺的代表。另一件东汉时期的镶松石火焰纹金饰（见图1-11）也采用了炸珠工艺。该金饰造型似新月，部分残缺，约占2/3，残长4.5厘米。金饰通体镂空花纹，表面按照花纹焊满细珠，中间似鸟，上部围绕火焰纹，火焰中心镶嵌绿松石，现存16颗。此品可能是冠饰，工艺精美细致。东汉高级冠帽上的饰物称为"珰"，对凤纹金珰（见图1-12）采用凤纹及双鱼纹，整个造型呈三角形，是当时常见的一种款式。金珰的使用一直沿用至唐代。现在的新疆地区还大量保持着炸珠工艺，并继续传承和发展。

另一方面，北方的少数民族金银工艺的发展则呈现出自己特有的样貌。从某种程度上讲，少数民族工艺比中原汉族工艺更加成熟，形式上也更加活泼。游牧民族逐水草而居，生活的器具要便于携带，金银首饰和用具要既坚固耐用，又能够作为家庭的资产长期保存，因此，游牧民族花费了大量的时间潜心琢磨金银的制作工艺，并尽可能将其发挥到较高的水平。例如，新疆焉耆县博格达沁古城出土的八龙纹金带扣是汉代金饰中的一件精品（见图1-13）。带扣上装饰有八条凸起的金龙。其中两条子母龙翻腾于水波中，其他几条盘龙较小；带扣底部采用錾刻工艺雕刻出整体的立体造型，后又在龙身的凸起处焊有花丝装饰线；带扣周边有连珠纹装饰，龙眼曾镶嵌宝石，现已丢失。

北方少数民族由于统治者的倡导和西亚及欧洲的影响，金属工艺发展迅速；汉族的科技水平相对发达，但是金银更多地了反映男尊女卑的观念以及社会地位的差别，二者相互影响相互借鉴，共同促进了金属工艺的发展。从商至汉以前，金银制品基本为男性所持有，女子很少有佩戴的权利。

图1-11　镶松石火焰纹金饰（东汉）

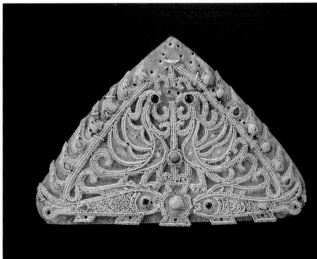

图1-12　对凤纹金珰（东汉）

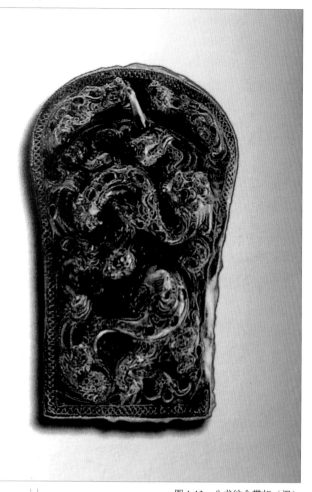

图1-13　八龙纹金带扣（汉）

二、繁盛华丽的唐代首饰

经过三国、魏晋、南北朝和隋代近400年的金银饰品制作的工艺积累，唐代金银细金工艺水平有了长足的发展。由于唐代社会稳定、经济繁荣、各国使节往来频繁，使国家有实力发展艺术文化，统治阶级和上中层人士渴望和崇尚繁华富丽的奢侈品。因此，唐代给后人留下了大量的金银制品，在中国工艺美术发展史中大放异彩。

唐代的金银工艺行业是传统手工艺制作中一个突出的行业，发展迅猛。其金银制品分为"官作"和"行作"两种。"官作"就是官府督办的金银手工业，为少府监中尚署直属的"金银作坊院"所作；"行作"是非官方经营的，手工艺工匠所作。

唐代的冶银技术也达到了相当高的水平。吹灰法，即用上等的炉灰做成灰窠，将含银的铅砣放在其中，加热使铅熔入灰中，纯银留在灰窠上。李白诗曰："炉火照天地，红星乱紫烟。"就是当时冶炼技术的真实写照。

唐代社会环境宽松，思想活跃，宗教盛行，佛教、道教、儒教并行发展，尤其是佛教，在唐代盛极一时。在统治者的倡导下，大批佛教寺院、绘画、雕塑、器物应运而生。在《无量寿经》和《般若经》等多部经论中都提到了"七宝"的概念，即金、银、琉璃、砗磲、玛瑙、琥珀、珍珠等宝物。"七宝"中金银为金属工艺饰物的主体材料，其他为金属工艺的镶嵌材料。唐人希望通过佛教"七宝"来进行祈福和得到心理的庇护，这不仅使得金银细金工艺技术日臻成熟，发展迅猛，而且丰富了金银器的种类、器形和装饰内容。

唐代金银器的工艺种类繁多，而且经常

综合运用多种工艺形式。《唐六典》中记载，金的加工方式有14种，即销金、拍金、镀金、织金、砑金、披金、泥金、镂金、捻金、戗金、圈金、贴金、嵌金、裹金。从出土的唐代金银器来看，主要采用锻造工艺，还结合了切削、焊接、錾刻、抛光、镀金银、铆接等多种工艺。由于工艺的成熟，相当一部分的唐代金银器采用了分色处理，大大丰富了视觉效果，满足了唐人追求华丽繁盛的审美需求。

唐代金银器的品种十分丰富。首饰大致分为簪、钗、钏镯、面花等；食器大致分为碗、盘、碟、箸、勺等；饮器大致分为杯、壶、酒筹、羽觞、茶碗、茶托等；容器分为罐、盆、盂、舍利函等；还有熏球、熏炉、方箱、金龙、合页、盒、铛等杂物。

唐代金银器的形制也很多样，除了圆形的器形之外，还有六瓣、八瓣、九瓣、十二瓣、十四瓣和桃形、菱形、葵形等。分瓣形式多为曲形和菱形，每一个装饰单位有U形、S形或者有机形态，生动活泼。比如碗，有六曲、六棱、八曲、八棱等（见图1-14～图1-17）；盘，有圆形、花瓣形、桃形等（见图1-18～图1-22），一般底部会有三足，盘沿还装饰有垂珠璎珞，格外华美。

唐代金银器的纹样更富变化，装饰纹样不再以动物纹样为主，而是改为以花草等植物纹样为主。直到现代，装饰内容也多以植物为主。

装饰纹样的演变取决社会的发展和经济水平。远古时期人们的生活重点是狩猎，主要面对自然环境中的动物，装饰重心自然是动物纹样。自唐代开始，生活水平大幅度提高，人们生活富足充实，因此，关注重点由动物转变为自然界中的花卉植物。这时人们已经进入稳定的农耕社会。

唐代金银器的风格由始至终发生了三次转变，可以分为早期、中期和晚期。早期做工精美，纹样格式化，多饰忍冬纹，赋予装饰性；中期多以鸟和花卉为主，组成团纹，周围装饰缠枝纹，具有繁缛富丽的风格，反

图1-14　双狮纹金花银碗（唐）

图1-15　海兽纹金花银碗（唐）

图 1-16　银鎏金莲瓣纹弧腹碗（唐）

图 1-17　鸳鸯莲瓣纹金碗（唐）

① 图 1-18　银鎏金叶形盘（唐）

② 图 1-19　飞廉纹金花银盘（唐）

③ 图 1-20　双狐纹金花银双桃形盘（唐）

图 1-21　莲叶伏龟金质对盘（唐）

图 1-22　凤鸟纹银盘（唐）

图1-23　镂空花鸟纹银香囊（唐）

映出盛唐时期的华丽丰满和人们的自信；晚期则多为单支花卉或动物，经常采用对称构图，具有写实风格。

已出土的唐代金银器数量甚多，大多集中于陕西西安，也就是唐代的都城长安周围。1970年西安何家村出土了230件金银器，其数量之多，品种之全，工艺之精美，令人叹为观止。

镂空花鸟纹银香囊（见图1-23）是出土文物中的一件精品。最突出的特点在于无论怎样转动，香灰都不会散落香炉外。这归功于此件饰物的精巧设计和复杂的结构。炉体呈球形，通体镂空。球顶部有银丝编成的绳链，链的末端有钩，可以悬挂。球体上下开合，由子母扣和活轴连接。球体内包含另一个球，下半部是两个同心圆机环和焚香杯，各部分之间通过对称的活轴连接在球壁的内部。利用重力、同心机环和活轴起到平衡的作用。此件银饰既是金属工艺的精品，又是当时科技水平的例证，代表着唐代饰品相当高的工艺水准。

舞马衔杯壶（见图1-24）也是西安何家村出土文物中的一件代表性作品。银壶造型模仿北方少数民族的皮囊，壶体扁圆，壶口上有鎏金，覆莲形盖。在壶的两侧腹部錾刻有舞马衔杯纹样，马的后腿蹲坐，前腿直立，口衔一杯，造型写实生动，充分展现了唐代马戏中训练有素的舞马形象。舞马、莲盖和提梁部分鎏金，与光素的银白色壶体交相辉映。据文献记载，唐玄宗生日大典当日，舞马身披锦绣，颈系彩带，随着音乐的伴奏进行表演。银壶刻画的内容是史料记载的生动写照。

卷草花朵纹金栉背（见图1-25）具有典型的唐代饰物特点。金栉背是木梳或者骨

图 1-24　舞马衔杯壶（唐）

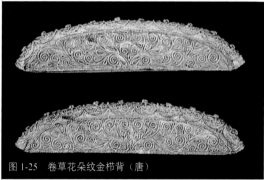

图 1-25　卷草花朵纹金梳背（唐）

图 1-26　金花银龟负"论语玉烛"筹筒（唐）

梳的上端装饰套，其整体用金片制成，中空，表面用金丝勾出卷草纹样，顶部有圆形花朵，又似水纹。唐代梳枇的背与齿以直线分成上下两部分，枇背为半圆形。宋元明金枇背多为新月形。

而 1982 年江苏丹徒丁卯桥出土的金花银龟负"论语玉烛"筹筒（见图 1-26），则是唐代金银器的一件特殊制品。玉烛底座是银龟，背负莲花，莲花上有一圆筒，刻有典型的龙凤和卷草纹，并有"论语玉烛"四个字。筒内放有 50 支刻有《论语》章句的银酒筹。这是古代行酒令的一种器具。

三、清新质朴的宋代首饰

唐代的鼎盛之后，历经五十余年五代十国的战乱，偏安江南的宋朝经济水平和政治稳定程度都不比唐代，金器数量明显少于前朝，但在银器的质量和新工艺方面有所发展。

宋代的黄金打制技术和焊接技术甚为高超。打制金首饰一般分为两半，分别打制成形并錾刻花纹，然后合焊。这种金饰物中空壁薄，既可以节省金料，又能够减轻重量，便于佩戴。唐代兴起的花丝技艺，在宋代继续流行，其工艺不亚于前代，而铸造工艺和炸珠工艺则非常罕见。

宋代流行的首饰品种有簪、钗、钏、铐、枇、钿等，新出现的首饰品种有镯（zhuó）、披坠、条脱等。

宋代的扇形金钗（见图 1-27）造型十分特别，钗头呈折扇形，由 11 组双股钗盘曲而成，两侧的钗股向内收，折至中心再向下弯成钗足。每组钗头顶端为空腔，饰花朵，

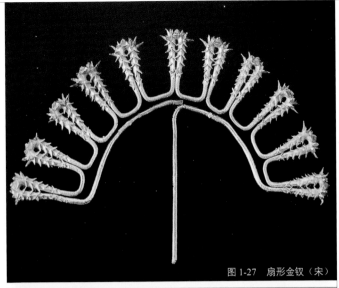

图 1-27　扇形金钗（宋）

图 1-28　五花头鎏金银簪（南宋）

钗头整体表面錾刻凸起的人字纹。扇形钗由普通双股钗发展而来。江西德安桃源山曾出土两组连在一起的Y字形金钗，浙江永嘉下嵊山曾出土南宋银饰，其中包括三、五、七、十三组钗头相连的扇形银簪（见图1-28、图1-29）。可见，扇形钗是宋代非常普遍的一种首饰。

金围髻（见图1-30、图1-31）是宋代妇女的一种头饰，装饰于发髻至前额之间，呈网状，玲珑剔透。此款金围髻上部为微弧的横梁，装饰镂空像花朵，其下饰11个如意纹，如意纹下端用小环

图 1-29　三花头鎏金银簪（南宋）

连接五排花朵：第一排为四瓣花 11 朵；第二排和第三排都为六瓣花 10 朵；第四排为五瓣花 9 朵；第五排为垂有长花须的八瓣花 9 朵。一至四排层层相连，第五排自然下垂。整个网状首饰灵动轻盈，体现出宋代的审美特征。

宋代金银饰物有三个特点：

其一，由于宋明理学的思想，人们不再追求雍容华贵的造型和装饰，而是以简洁、清新、质朴和实用的观念来选择饰物。因此，银饰数量大大多于金饰。其二，经过唐代金银加工十四法的累积，工艺发展更加成熟，同时借鉴其他工艺形式，创造出新的工艺效果。如四川德阳孝泉镇出土的一件银瓶，是仿造漆工艺的云雕技法进行创作的典范。除此之外，錾刻手法模仿雕塑的效果，进行立体感更强烈的高浮雕创作，此类作品有花卉纹金栉背（见图 1-32、图 1-33）。其二，由于市民文化和士大夫的文人艺术的兴起，宋代金银饰物呈现出更加清秀、细腻、刻画入微的风貌，诗词歌赋、亭台楼阁等内容也应用在金银饰物纹样中。

① 图 1-30　花朵纹金围髻（南宋）
② 图 1-31　佩戴金围髻妇女像（南宋）
③ 图 1-32　花卉纹金栉背（宋）
④ 图 1-33　《搜山图》中髻前插金脊梳子的妇女（宋）

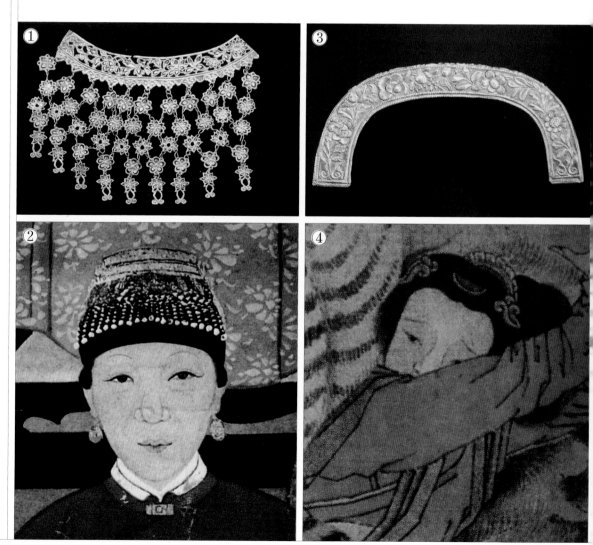

值得一提的是宋代北方的少数民族政权辽的金银首饰工艺相当发达。

辽代的金银饰物受到中原工艺的影响，亦有很多首饰采用合焊的加工方式。摩羯纹耳环（见图1-34）使用两片金片，锤鍱成对称的摩羯纹饰，然后将其合焊。摩羯形象昂首翘尾，似跳跃状，整体呈辽代耳环常见的弧钩形。摩羯下颌部分有花蕾形装饰，突出表面，头顶有金丝做成的角，嘴部焊接金丝作为耳勾。摩羯是印度神话中的一种神鱼，是河水之精华，生命之本源，其形象具有鱼、象、鳄的特征。摩羯形象传入中国后，隋唐两代将其形象进行了演变，由龙取代了象的形态，有的还添加了翅膀，宋代仍在沿用。辽人非常喜欢摩羯，有青瓷或白瓷的摩羯灯、三彩摩羯壶、摩羯纹铜带饰以及石坠等物品，为数不少。在辽宁、内蒙古等地也有与此款类似的摩羯耳环出土。

辽代金银饰物既受到汉文化的影响，也保持着其自有的粗犷豪放、饱满刚健的民族特色。1978年内蒙古巴林右旗窖藏出土了一批辽代金银饰物，其中折枝牡丹纹錾花八棱银温碗（见图1-35）和折枝牡丹纹錾花八棱银执壶（见图1-36）就是典型的辽代作品。碗的造型方直，少用曲线，足的圈口大而外展。壶的造型厚重、敦实，壶颈短而细。相比之下，宋人的器物多采用温婉的曲线，使其更加流畅；而辽人的器物多采用直线，显示出契丹民族的刚健豪放。装饰纹样则直接采用汉族的折枝牡丹纹，把它应用于方形的空间内，视觉上稍欠协调的"适合"意味；与汉族强调适合纹样的概念有所差别。

辽代的金银器物中除了首饰、日用

图1-34　摩羯纹耳环（辽）

图1-35　折枝牡丹纹錾花八棱银温碗（辽）

图1-36　折枝牡丹纹錾花八棱银执壶（辽）

品、餐饮用具、服饰和宗教用具之外，马具和葬具明显多于中原。一方面与其善于骑射、精通马术相关；另一方面，契丹民族有"用金银为面具，铜丝络其手足"的殡葬习俗（见《虏廷事实》）。

辽代的金银加工工艺发达有两方面原因：其一，自唐末开始，战乱使得中原汉人进行迁徙，把优秀的首饰工艺带到了少数民族地区；其二，契丹首领耶律阿保机统一契丹各部落之后，更加提倡学习汉文化和农耕文明，以及手工艺技能，甚至每次战争要俘虏一定的手工艺从业者，并带回本地。正是由于以上两方面原因，辽代的金银加工工艺达到了相对较高的水准。

四、继承与沿袭的元代首饰

元代的贵族统治者非常重视金银的使用，金银首饰得到很大程度的发展。同时，元代把人分为四个等级来管理，南方原属南宋统治区域的汉人排在最末，因此，南方汉人统治区域的细金工艺保留并发展下来，南方的首饰工艺在这个时期优于北方。

元代的金银器主要分为三类：第一，各种生活用具，如碗、盏、杯、盘、盒、碟、瓶、壶等；第二，各种首饰和梳妆用具，有钗、条脱等；第三，作为货币的金银锭和金银条。

镂空金掩耳（见图1-37）整体采用镂空錾刻工艺。下部正中锤碟出一枚水滴形金泡，其外为卵形，透雕出勾连蔓草纹，卵形

图 1-37　镂空金眼耳（元）

之上有一转轮形金饰，其两侧透雕莲花与慈姑等花纹。背面以单根粗金丝做成别针方便佩戴。其底部有环，可以挂坠饰。

图 1-38 为佩戴金银饰品的元世祖皇后徹伯尔真像。

元代金银器的造型纹饰讲究，崇尚推陈出新，最突出的特点是高浮雕的立体效果，刻画更加写实。江苏吴县吕师孟墓出土的"文王访贤"金饰件（见图 1-39）和缠枝花果金饰件（见图 1-40），都是以高浮雕的立体效果为造型特点。江苏无锡钱裕墓出土的荷叶形盖银罐则采用写实手法，罐盖好似一片倒扣的荷叶，边沿外展，叶脉清晰，叶底的一截叶茎巧妙地圈成一个环，形成盖钮。整体造型生动活泼，清新怡人。

① 图 1-38　佩戴饰品的元世祖皇后徹伯尔真像（元）
② 图 1-39　"文王访贤"金饰件（元）
③ 图 1-40　缠枝花果金饰件（元）

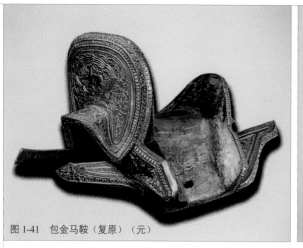

图 1-41　包金马鞍（复原）（元）

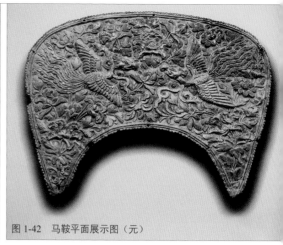

图 1-42　马鞍平面展示图（元）

元代统治者是北方的游牧民族，他们与马有着深厚的感情，马具的装饰在当时非常奢华且十分流行。金马鞍饰（见图 1-41 ～图 1-43）是木质马鞍上面的包金饰物，异常华丽，应属皇室贵族所有。马鞍上的包金由 10 枚金片组成，表面以凤凰、双鱼、卧鹿、兔子等錾刻的动物为主题，外加海棠形开光边框，并以牡丹、菊花、卷草纹等植物纹样为底。其中两片上面有铜镜上常用的连环钱纹样。此品装饰没有龙纹只有凤纹，故推测可能是皇室女性成员所使用。其凤的造型鹰嘴、散尾，凤冠是典型的金、元时期纹样。在出土的马鞍具中，铜鎏金的较多，黄金马鞍只有一件。

元代出现了许多专门从事金银首饰工艺的知名艺人。据元人陶宗仪《辍耕录》记载"浙西银工之精于手艺表表有声者"，有朱碧山、谢君余、谢君和、唐俊卿等人。其中，朱碧山最负盛名，其作品"银槎"（见图 1-44）至今存于北京故宫博物院。银槎雕塑一位文人闲坐于大树枝干之上读书思考的情境，整体采用圆雕造型，人物形象生动自然，老树塑造苍劲有力，反映了元代文人厌避政治、追求清淡高远的处世态度。

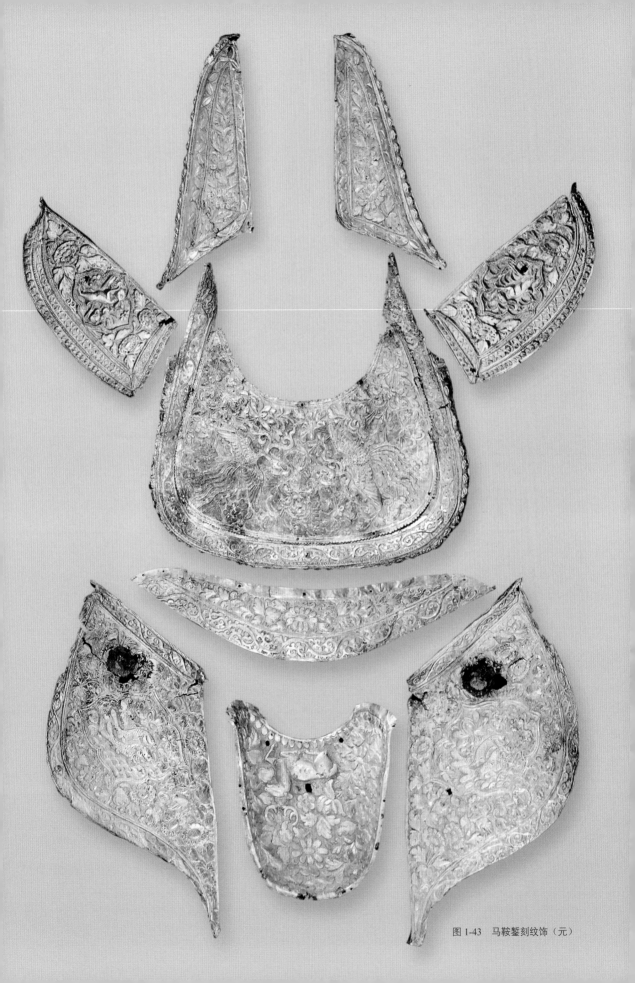

图 1-43 马鞍錾刻纹饰（元）

图 1-44　朱碧山的作品银槎（元）

五、工艺至上的明清首饰

明代的细金首饰工艺，在金、银、铜、锡方面都有了很大的发展。广州、扬州和北京是明代金银制品的主要产地。内廷为确保金银制品的质量，设有专门监造金银饰物的作坊"御用监"，正德年间称为"银造局"，万历年间称为"银作局"。藩王们监造金银饰物的作坊称为"内典宝所"。因此，明朝的金银饰物从宫廷到贵族都保持了相当高的水准。

随着内陆经济的发展和海上贸易的往来，贵金属首饰被更多民间老百姓所接受。金银饰物不再只是权贵阶层的专属品，更是平常人家的佩饰。明朝政府虽然屡次下令禁止百姓使用金饰物，但民间仍禁而不止，这充分反映出老百姓对金银饰品的需求。同时，金银饰物的一部分从价格昂贵的大件金银器，转变为小巧精美的首饰。这在满足民间迅速增长的需求之外，也促进了金银细金工艺的进一步发展。

明代的金银制品大致可以归纳为两类：日用品和首饰，而首饰在生活中逐渐占据了主导位置。首饰有钗、簪、戒指、带具、帽饰、冠等；日用品有盒、盘、壶、杯、托、爵、鼎、盂等。其纹样有龙凤、飞鸟、二龙戏珠、游龙戏珠、人物、瑞兽、麒麟、仙鹤、花卉、花叶、折枝牡丹、勾莲雷纹、折枝纹、水纹、云纹、席纹、福禄寿喜纹、石纹和亭台楼阁等。纹样多以三角形、八角菱瓜形、椭圆形、桃形来构成。

明代金银细金工艺精密、纤巧，喜好镂空，花丝工艺是其代表（见图1-45）。1958年北京定陵出土，目前收藏于定陵博物馆的万历皇帝金冠（见图1-46）堪称花丝工艺的典范。它是目前中国考古中发掘的唯一一

图1-45 明代的花丝工艺

图 1-46　万历皇帝金冠（明）

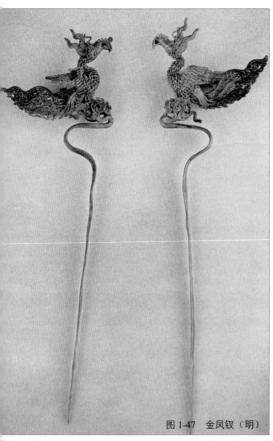

图1-47 金凤钗（明）

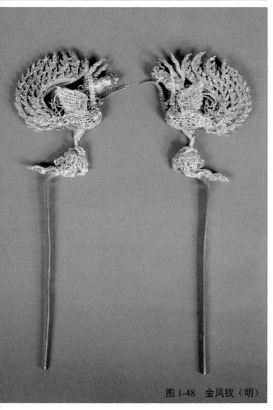

图1-48 金凤钗（明）

件皇帝金冠，它的工艺价值和文化价值都弥足珍贵。金冠高24厘米，直径为17.5厘米。整体分为"前屋""后山"和"翅"三部分。金冠通体如薄纱，轻盈均匀，仅重826克。冠体运用518根直径为0.2毫米的金丝编制而成。冠顶部饰有二龙戏珠纹样，龙鳞采用繁复的掐丝、码丝、垒丝、焊接等工艺。龙首和火珠采用錾刻工艺，完成后与其他部件统一焊接在一起。其工艺之精美，体现出皇家首饰的特点，令人叹为观止。

1972年，江西南城出土了一对金凤钗也是花丝工艺的精品（见图1-47）。两钗左右对称，形制相仿。钗头为昂首展翅欲飞的凤凰，矗立云端。通体采用多种花丝工艺编制而成，凤凰的腹部和身体为叠鳞状羽，翅膀为长翎硬翅羽，尾部为突状活羽。整体感觉轻灵而富于变化，生动而飘逸。钗脚上錾有款识"银作局永乐贰拾贰年拾月内成造玖成色金二两外焊贰分"，这说明此对钗的来源是明内务府制造，其工艺之精湛和繁复代表了官坊的极高水平。同样在江西境内发现了数十座明朝藩王墓，其墓主人的金凤钗（见图1-48）也是华美异常。

1958年，在江西南城出土的两件楼阁人物金簪（见图1-49），也代表了明代首饰细金工艺的水平。小件相对完好，高18.2厘米，重41.8克。钗的整体呈叶片形，以水波纹勾勒轮廓。主体呈现了歇山重檐式的二层楼阁。上面一层有一人居中端坐，两旁各有一侍女；下一层为五开间，中间一人倚坐，两旁各有两名侍女站立侍候。楼阁人物金簪大部分采用多种花丝工艺制作，房檐和人物采用錾刻工艺制成，最后经过合焊成为整体。小小的发簪头部集中表现了两层建筑八个人物，空间层次分明，形象刻画生动，称得上是耐人寻味的佳品（见图1-50～图1-53）。

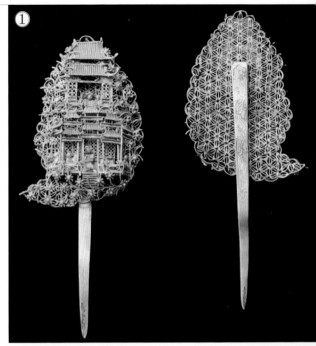

① 图 1-49　楼阁人物金簪（明）

② 图 1-50　桃形楼阁人物金簪（明）

③ 图 1-51　桃形楼阁人物金簪（明）

④ 图 1-52　楼阁人物金簪（明）

⑤ 图 1-53　楼阁人物金簪（明）

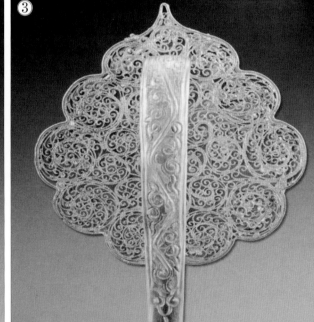

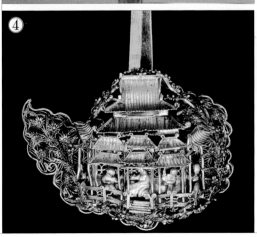

明代的另外一项著名的技艺是景泰蓝工艺。关于它的名称来源众说纷纭，通常解释为它发展于明景泰年间，釉料多为蓝色而得名。而景泰蓝从广义上讲它包括铜胎（或金胎、银胎）掐丝珐琅、錾刻珐琅和画珐琅等多种工艺。

景泰蓝的由来和时间扑朔迷离。有人认为它从国外传入中国，有人认为中国自古就有。如春秋时期越王勾践剑柄上就镶嵌有珐琅釉料，河北省保定市满城出土的汉代铜壶的壶身上就装饰有珐琅，日本正仓院收藏的唐代铜镜背面也装饰有各色珐琅。目前学术界比较认同的看法是在明代景泰年间景泰蓝制品得到了大发展，就北京故宫博物院的4 000余件明清景泰蓝藏品而言，景泰年间制品数量最多，质量最精美。

景泰蓝的现代工艺非常繁杂，基本可以分为七个流程：

（1）制胎。就是用金属制作各种器形。根据胎质不同可分为金胎珐琅、银胎珐琅、铜胎珐琅等，其中景泰蓝多为铜胎珐琅。如果胎形复杂，还需要焊接整理才能完成。

（2）掐丝。是把金属丝按照事先准备好的纹样进行制作。丝要压成扁片，用片的宽度作为丝的高度，掐好以后蘸白芨浆粘在胎体表面。丝与胎、丝与丝之间都要粘严，避免漏蓝。

（3）烧焊。先在胎体上喷水滋润，再根据丝的位置撒焊药，然后进行高温焊接，最后放入稀硫酸溶液中清洗杂质。

（4）点蓝。根据配色用吸管或毛笔蘸釉料填入纹样轮廓内，先点底，后点花，最后上亮白。

（5）烧蓝。将点好蓝的器物放入窑炉中高温烧制。釉料要分几次烧成才比较光洁，一般要经过三到五次反复点蓝与烧蓝的过程。

（6）磨光。用磨石、木炭和各种型号的砂纸蘸水打磨，以达到釉料与丝平齐的效果。

（7）镀金。先清洗，然后放入镀金溶液中，通电，取出后再清洗干净。以此步骤保持金属光泽。

形、纹、色、光是景泰蓝工艺的艺术特点。一件好的景泰蓝作品，首先看到的是它的优美造型，这取决于制胎。其次，精美细致的纹样，取决于掐丝环节。再次，景泰蓝的色泽变化丰富，细腻温润，由其釉料的配色而产生。最后，经过打磨、镀金两个环节使得器物表面光洁辉煌。正因如此，景泰蓝成为集造型、纹样和色彩于一身的艺术珍品，具有我国民族传统工艺的特点。

清代的金银首饰工艺与明代相比有共同点也有特殊之处。两代的共同点是都追求繁复华丽的装饰，这与欧洲的巴洛克风格有些相仿。不同之处在于清代的金银制品更加强调精工细作。皇家特有的清宫造办处和地方督抚进贡物品使得工艺水平大大提高，达到了前所未有的顶峰。地方督抚贡品主要来源于南京、杭州、苏州、扬州、广州等地。

清代首饰品种繁杂，有金饰朝冠、领约、金约、耳环、钿子、钗簪、扁方、戒指、指甲套、配坠、钏镯、朝珠等。

清代首饰崇尚色彩，经常使用宝石、珍珠、翠玉等材料，黄金似乎变为次要地位。"点翠"是颜色应用的一个典范，它是将翠鸟的羽毛剪成小片，粘接在黄金首饰上的一种工艺形式。翠鸟羽毛颜色艳丽，似绿松石，但佩戴轻便。不论是皇宫贵族还是普通妇女都青睐"点翠"首饰。"点翠"其实在唐代就很流行，宋、元时期比较罕见，到了清代最为盛行。万寿点翠镀金银簪是清宫旧藏，其外围是花丝工艺的蝙蝠造型，中间是点翠工艺的团寿纹，中间穿插点翠云纹。在蝙蝠头部镶宝石，蝙蝠翅膀和团寿纹中央嵌珍珠。整体发簪色彩鲜明，工艺考究。

清代金银器物的品类繁多，除服饰、冠饰外，还有生活用具、观赏摆件、祭祀用具、宗教用品、典章印册等，种类大大超出前朝。尤其是宗教用具非常讲究，其形制、规格、工艺都相当隆重繁复。这是由于清代统治者笃信佛法，重视佛教、道教、儒教的共同发展，鼓励满、蒙、汉族团结一致和谐发展的缘故。因此，清代出现了很多与佛教相关的用具，如舍利函、宝塔等。

金嵌松石铃形佛塔（见图1-54）就是一件皇家佛教用具，现收藏于北京故宫博物院。因整个塔犹如一个倒置的铃铛而得名。通体总高173厘米，塔宽76厘米，底座长76厘米。塔基座为紫檀木做，分两层，上层左右两边各装饰一头银鎏金狮子，中间饰吉祥纹样，下层包錾刻鎏金莲花纹和鱼子纹银配件。紫檀与金交相辉映，更显沉稳庄严。塔底部呈仰俯莲瓣状，塔身中央设莲瓣形佛龛，龛门上錾刻有莲花纹饰，并镶嵌绿松石，龛内供奉一尊藏传佛教塑像。塔身装饰有两圈纹饰，上方为兽衔璎珞，下方为金刚杵。塔的上端是13层宝刹，刹顶为莲花伞盖，盖下垂铃铛，顶部托球形莲子，两侧各伸出一个錾刻幢。刹顶上又有金镶白玉的月亮、珊瑚的太阳以及金镶嵌松石的火焰伞盖。塔的造型庄严神圣，多采用錾刻工艺，并镶嵌有多种宝石，精美绝伦，是御用礼佛的重器。

现藏于北京故宫博物院的金瓯永固杯（见图1-55），是清代金银器物中的另一件珍品。在每年第一天子时，皇帝在养心殿举行开笔仪式。金瓯永固杯放在紫檀长案上，屠苏酒注入杯中，皇帝亲自点燃供烛，书写祈求江山社稷平安永固的吉语，正因如此金瓯永固杯被清朝历代皇帝视

图1-54 金嵌松石铃形佛塔（清）

图 1-55　金瓯永固杯（清）

若珍宝。杯身左右两侧各配有一条向上奔腾的夔龙，代表生机与威严。龙首顶一朵宝相花，花上饰珍珠。杯有象鼻形的三足，寓意吉祥。圆形杯口，外沿錾刻有回纹。杯口前后两边分别刻有篆书"金瓯永固"和"乾隆年制"字样。杯身满錾宝相花和缠枝花，花蕊部分镶嵌多种名贵宝石。中央花蕊和顶镶嵌 11 颗珍珠，大的直径在 10 毫米以上，小的直径在 5 毫米以上，圆润光洁。另有一部分镶嵌 21 颗缅甸产红蓝宝石，其中包括星光红宝石和星光蓝宝石等。另外还镶嵌了 4 颗双桃红色碧玺。由此可见，清代鼎盛时期的皇家礼器的风格之繁缛复杂、工艺之精美绝伦。

　　清代的金银首饰工艺发展达到了相当高的水平，除上述两件器具主要采用的錾刻工艺之外，还有画珐琅、金镶玉等新的工艺种类。

　　画珐琅，一般指铜胎画珐琅。它是相对于掐丝珐琅而言的，两者的区别在于画珐琅无丝，直接上釉料绘画；而掐丝珐琅是先掐丝再上釉。除铜胎外，画珐琅也有金胎和银胎。后期又发展出瓷胎和玻璃胎等。从现有的材料来看，画珐琅产生于康熙时期，兴盛于乾隆年间。其器形有杯、碗、盒、盘、炉、瓶等。其装饰内容以山水和花卉为主，以绘画形式表现（见图 1-56、图 1-57）。画珐琅

图 1-56　画珐琅盘（清）

图 1-57　画珐琅盘（清）

的色彩十分丰富，有红、粉红、黄、土黄、杏黄、浅黄、绿、浅绿、深绿、蓝、浅蓝、紫、雪青、赭、黑、白等。早期的画珐琅色彩较暗，并有细孔。经过工艺的多次改进，在器物表面先施白釉，然后再上其他彩釉，使其后期色泽鲜艳，釉质平滑。雍正年间的画珐琅以鼻烟壶最为流行，乾隆年间出现大件器物，如盘、花瓶，有些甚至作为家具装饰，如炕桌、屏风、椅子等。同样的工艺在首饰中也很常见。

金镶玉是清代皇家盛行的另外一种工艺，最早脱胎于青铜器的金银错工艺，是一种用金、银等材料，在玉石表面进行镶嵌的冷加工方法。具体方法是先在玉石表面剔刻出均匀的凹槽，再将金丝或银丝镶嵌其中，最后进行打磨抛光，使金银与玉石完美地结合在一起。金镶玉工艺制作的广泛应用始于乾隆年间，受到外国进贡伊斯兰风格的"痕都斯坦"玉器影响，乾隆命内务府造办处仿制，并为皇家独享，其后流传于民间（见图1-58）。

由上述内容可见，清代金银饰物的特点非常鲜明：

（1）大面积，满装饰，少留白。

（2）錾刻工艺取代花丝工艺成为主要装饰手段，强调立体感和厚重感。

（3）金银工艺与宝石镶嵌结合，突出华贵、庄严、繁缛的特点。

（4）大量出现了吉祥纹样，呈现出"图必有意，意必吉祥"的特征。

随着康乾盛世的到来，百姓生活富足，金银首饰成为寻常人家的平常之物。它既能够保值，又能够满足人们的审美需求，因此，这时期的金银饰物工艺有了更快的发展。

图1-58　金镶玉执壶（清）

六、独具特色的少数民族首饰

少数民族在其特有的地理环境和人文环境中，结合自己的审美价值观，形成了鲜明的金银饰物的特征。从古至今，银饰在少数民族的生活和文化习俗中占有非常特殊地位。银价格低廉，是吉祥、光明、纯洁的象征，民间传说银具有驱魔、辟邪、保佑平安的作用，因此，少数民族对银的使用非常普遍。

贵州施洞地区的苗族装扮可谓盛大，当地有"无银不姑娘"的说法。在姊妹节等欢庆的日子里，姑娘们穿着盛装，佩戴各种银首饰，载歌载舞欢度佳节（见图1-59）。

图1-59　苗族穿着盛装，佩戴各种银首饰

图 1-60 大牛角　　　　　　　　　　　　　　　　　　　　图 1-61 银帽冠

走近观察，苗族姑娘的服饰令人惊叹。头顶部佩戴大牛角（见图 1-60）、小牛角、银帽冠（见图 1-61）等饰物，头后装饰有银梳，头侧有银簪，两耳饰耳环或耳柱，颈部配小米花、罗汉圈等数层项圈，从胸部一直装饰至嘴边，并以银饰盖过嘴为美（见图 1-62），衣服的前后身也装饰满錾刻银片（见图 1-63）、银泡泡以及银流苏和银铃铛（见图 1-64）。两手也佩戴多种银戒指和银手镯（见图 1-65）。总体而言，一眼望去，苗族姑娘通身上下全部是银饰物，少的有几公斤，多的达几十公斤。与苗族一样，贵州的壮族、水族、彝族、景颇族和黎族也喜欢银饰，普遍佩戴银质的头饰、冠饰、胸饰、肩饰等，样式也非常丰富。

图 1-62　苗族姑娘的银饰

图 1-63　装饰银片的苗族服饰背面

图 1-64　银铃铛

图 1-65　银手镯

图 1-66　银腰带

云南西双版纳地处热带，生活在那里的傣族由于自然环境特点，演变出属于自己的首饰。银腰带（见图 1-66）是与傣族传统筒裙相配的饰物之一。几乎每一位傣族女孩都有一条银腰带束于腰间。一方面，她们认为银质能够保佑平安；另一方面，银腰带起到固定裙子的功能。发簪是傣族女子最普遍的饰物。由于天气炎热，傣族女子大部分时间都把头发高高盘起。傣族发簪有金、银、铜、琉璃等材质，以银居多，有花丝工艺也有錾刻工艺，多是宝塔造型。最具特色的是傣族发簪的柄，多半是竹条。竹条既轻便，又符合当地气候和生活习惯。热带盛产槟榔，傣族用錾刻有各式花纹的银器来盛槟榔，俗称槟榔盒（见图 1-67）。这是傣家生活中最常见的银器物。

图 1-67　槟榔盒

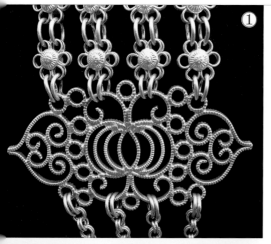

云南大理气候宜人，生活在那里的白族工匠精通多门金银细金工艺。饰物工艺以錾刻和平面填丝为主，也有少量编丝和镶嵌工艺（见图1-68～图1-70）。白族银饰的填丝首饰，体量较大，造型简约，细部非常精美。由于白族地区相对开放，信息沟通方便，精明能干的白族人做起了很多其他民族的饰品代加工生意。其中藏族的奶钩（见图1-71、图1-72）是白族填丝工艺的精品。奶钩是藏族特有的饰物，它由装奶的皮具演变而来，至今沿袭了它的传统造型和腰间佩戴的习俗。奶钩的工艺非常复杂，先作银片底盘，然后焊接底片高度，镶口采用花丝边，再用编丝和素丝勾勒纹样骨架，最后用各种花丝填满整个奶钩。既便是熟练的工匠制作一件这样的作品，也需要2～3个月的时间。除此之外也为藏族订制錾刻工艺的刀、奶茶壶和奶缸，部分刀为蒙古人订制，还有部分项链为汉族人生产。

① 图 1-68　白族花丝针筒细部之一
② 图 1-69　白族花丝针筒细部之二
③ 图 1-70　白族花丝针筒细部之三

图 1-71　藏族奶钩

图 1-72　藏族奶钩细部

由于生活习惯和文化宗教的原因，藏族金银工艺自古以来就非常发达。藏族不同地区的配饰各具特色，总体而言，藏族首饰种类繁多，精美大气。最有特点的是藏族珍藏佛像或者活佛像的宗教用具嘎乌（见图 1-73 ～图 1-75 ）。嘎乌不仅是一种出门远行时的随身配饰，也是一个民族精神的寄托，承载着深厚的文化积淀。嘎乌一般采用錾刻工艺，有的结合花丝工艺和宝石镶嵌技法。藏族金银锻造工艺的精华体现在佛像的制作上。很多寺院大型的佛像都采用锻造工艺制作。锻造是将金属板进行锤揲，使其延展，从而形成各种曲面，再经过焊接或铆接制作出圆雕的立体作品，由于此工艺要求金属的延展性好，所以多采用紫铜、白铜或金银。另外，寺院建筑顶上的很多法器和神兽都采用鎏金工艺，目前内地很少使用。

① 图 1-73　嘎乌之一
② 图 1-74　嘎乌之二

图 1-75 嘎乌之三

第二章

首饰工艺材料

一、金、银

传统首饰工艺中的金、银是主要材料，包括：
99.99 金、22K 金、18K 金、14K 金、9K 金；99.99 银、
97 银、95 银、92.5 银、3/4 银；金箔、银箔、金丝、
银丝（见图 2-1）、花丝（见图 2-2）；各类金属片
（见图 2-3）等。金的使用最为普遍，它的金属含量、
用途及性能如表 2-1 所示。

① 图 2-1　各种直径的银丝
② 图 2-2　花丝
③ 图 2-3　金属片

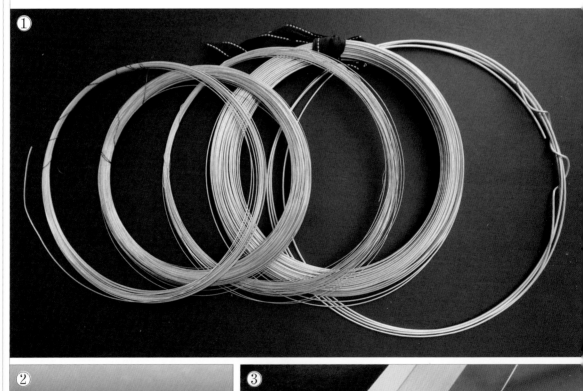

表 2-1　金的金属含量、工艺用途及性能表

名称	含金量/%	含银量/%	含铜量/%	工艺用途	熔点/℃	相对密度
24K金	99.99	0	0	花丝、錾刻、铸造	1 063	19.32
22k金	91.6	2.52	5.88	花丝、錾刻、铸造	940	17.2
20k金	83.5	6.5	10	镶嵌、錾刻、铸造		
	83.5	16.5	0			
18k金	75.1	12.4	12.5	镶嵌、錾刻、铸造	904	16.15
	75.1	17.8	7.1			
	75.1	24.9	0			
14k金	58.53	10	31.47	镶嵌 铸造	802	13.4
	58.53	31.5	9.97			
	58.53	41.47	0			
12k金	50.03	15	34.97	镶嵌 铸造		
	50.03	49.97	0			
10k金	41.66	18.34	40	镶嵌 铸造	786	11.6
	41.66	48.34	10			
	41.66	58.34	0			

二、普通金属

除了金以外，其他金属由于其丰富的材料特性越来越多地应用于现代首饰，为首饰的表现力和艺术效果添加了更多可能性。普通金属的性能如表 2-2 所示。

表 2-2　普通金属的性能表

名称	熔点/℃	相对密度
银	960	10.49
钛	1 800	4.5
紫铜	1 083	8.9
铝	660	2.7
锌	419	7.1
铅	327	11.4
铁	1 535	7.86
锡	231.9	7.28

 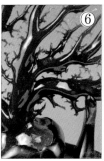 

三、宝石

绚丽多彩的宝石为首饰增加了亮丽的色彩。宝石主要有宝石和半宝石之分，国际公认的宝石有7种：钻石（见图2-4）、红宝石（见图2-5）、蓝宝石（见图2-6）、珍珠（见图2-7）、祖母绿（见图2-8）、珊瑚（见图2-9）、猫眼（见图2-10）等，可用于镶嵌材料。翡翠以温润的特性倍受东南亚人民喜爱，很多人亦将它列为宝石。其余的称为半宝石，如坦桑石、碧玺、玛瑙、沙弗莱、摩根、玉髓、水晶、海蓝宝、托帕石、尖晶、绿松石、青金石、木变石、紫晶、红纹石欧泊等。通常采用镶嵌的方式制作饰品。

① 图2-4　钻石

② 图2-5　红宝石

③ 图2-6　蓝宝石

④ 图2-7　珍珠

⑤ 图2-8　祖母绿

⑥ 图2-9　珊瑚

⑦ 图2-10　猫眼

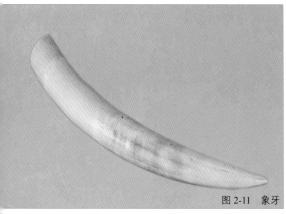

图 2-11　象牙

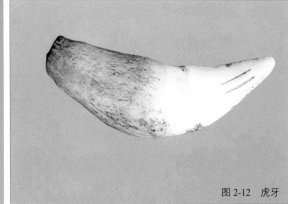

图 2-12　虎牙

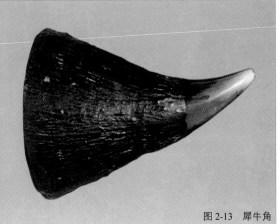

图 2-13　犀牛角

图 2-14　牛角

四、牙骨

牙骨在原始首饰中十分常见。古人采用牙骨作首饰不仅看中它的美丽更加相信原始巫术，希望通过佩戴牙骨饰物增加自身的力量，显示其社会地位。常见的牙骨有象牙（见图 2-11）、虎牙（见图 2-12）、犀牛角（见图 2-13）、牛角（见图 2-14）、牛骨等。

象牙和犀牛角是我国古代工艺雕刻品的重要材料之一。中国古代遗留的象牙和犀牛角雕刻品，体现了古代艺术工匠无穷的智慧和艺术创造力。由于过度捕杀，当今象牙雕刻品在国内日渐稀少，犀牛角雕刻随着我国境内犀牛的灭绝已销声匿迹。我国已全面禁止加工销售象牙、犀牛角、虎牙及制品活动，以此保护动物。

五、毛皮

皮毛一般包含鸟的羽毛（见图 2-15、图 2-16）和兽类毛皮（见图 2-17、图 2-18）。

鸟类羽毛色彩艳丽、质地轻薄是首饰理想的装饰材料。翠鸟的羽毛显蓝色，传统首饰中有一种工艺叫点翠法，即是用翠鸟的羽毛来制做的。但由于过度捕杀翠鸟，我们已经很难看到真正翠鸟了，点翠这门手艺也濒临绝迹。

① 图 2-15　翠鸟羽毛
② 图 2-16　孔雀羽毛
③ 图 2-17　蛇皮
④ 图 2-18　动物毛皮

六、果核

植物的种子在传统首饰中比较常见，种子寓意五谷丰登、多子多福，它的质地坚硬细密，也可雕刻纹饰，在民间深受人们喜爱。常见的果核有菩提子（见图2-19）、核桃（见图2-20）、橄榄核（见图2-21）等。

① 图2-19 菩提子
② 图2-20 核桃
③ 图2-21 橄榄核

①

②

③

七、综合材料

除了金银、宝石之外，木材（见图 2-22）、纤维、刺绣和琉璃、陶瓷等（见图 2-23），也是首饰和把件的常见材料。

以上所提供的材料属于常规首饰材料，在具体的工艺形式中还会运用到一些特殊材料，在后文中结合具体情况会进行补充说明。

图 2-22　各种木材

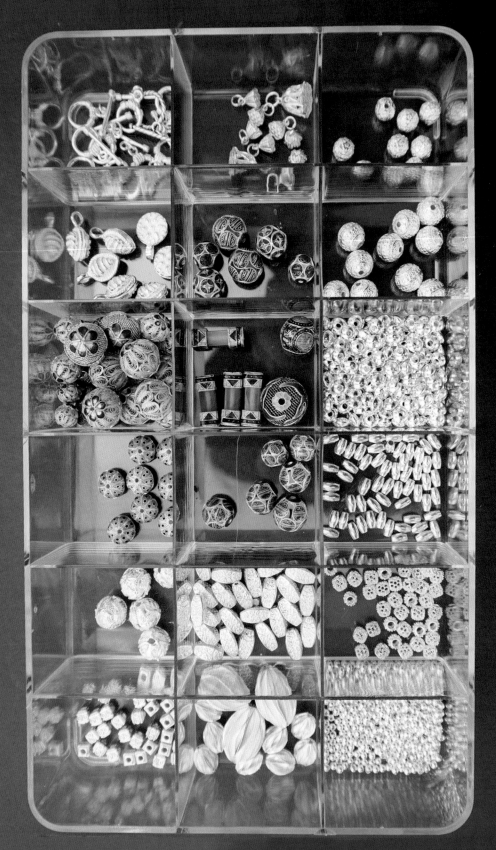

图 2-23　各种配件材料

第二章　首饰工艺材料

57

第三章

首饰工具

一、测量工具

（1）游标卡尺（见图3-1）：游标卡尺用以测量150毫米以内长度的物品。使用上端卡尺测量内尺寸，下端卡尺测量外尺寸，中间读数据。常用卡尺的精度为1/10毫米。

（2）直角尺（见图3-2）：直角尺用以测量直角的准确程度。

（3）圆规（见图3-3）：圆规用来测量直径、标记多段相等的长度以及进行刻画工作。

（4）内卡（见图3-4）：用于测量异形材料的厚度。

（5）戒指量具（见图3-5）：戒指量具用于测量戒指的圈口大小。

（6）戒指棒（见图3-6）：戒指棒为钢制锥形轴棒，用于整形戒指环。

（7）戒指圈（见图3-7）：戒指圈用于测量手指的粗细，确定戒指内径尺寸。

（8）电子秤（见图3-8）：电子秤用于称量材料的重量。

① 图3-1　游标卡尺
② 图3-2　直角尺
③ 图3-3　圆规
④ 图3-4　内卡
⑤ 图3-5　戒指量具
⑥ 图3-6　戒指棒
⑦ 图3-7　戒指圈
⑧ 图3-8　电子秤

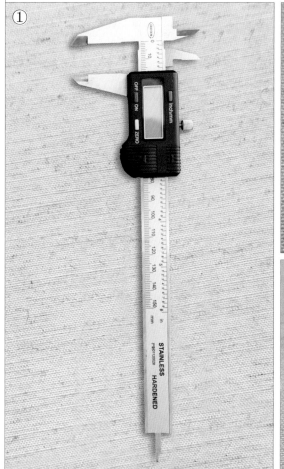

④

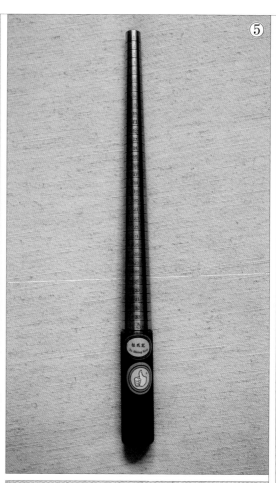

⑤

⑥

⑦

⑧

二、切割工具

（1）锯弓（见图 3-9）、锯条（见图 3-10）：锯弓与锯条结合使用，用以切割金属、首饰蜡、木材等。

（2）剪刀（见图 3-11）：剪刀用以剪切金属丝、金属片、绑丝等，是必须工具。

（3）大平口剪钳（见图 3-12）、小平口剪钳（见图 3-13）：不同型号的平口剪钳用以剪切金属片或者金属丝，但不宜用于剪切不锈钢等过硬的金属材料。

（4）圆口剪钳（见图 3-14）：圆口剪钳用于切割圆丝或圆管。

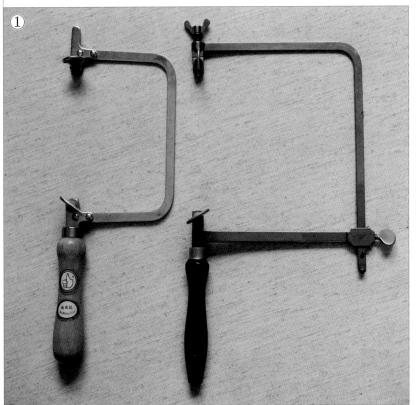

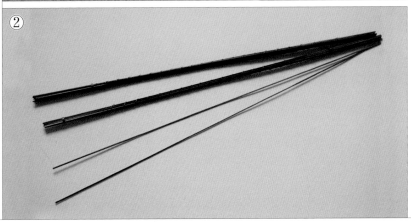

① 图 3-9　锯弓

② 图 3-10　锯条

③ 图 3-11　剪刀

④ 图 3-12　大平口剪钳

⑤ 图 3-13　小平口剪钳

⑥ 图 3-14　圆口剪钳

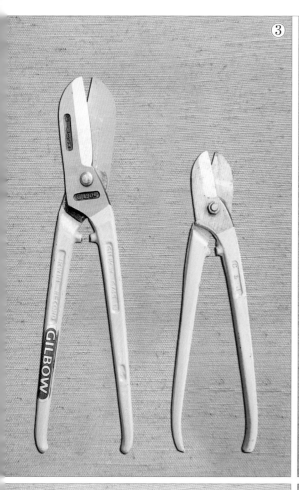

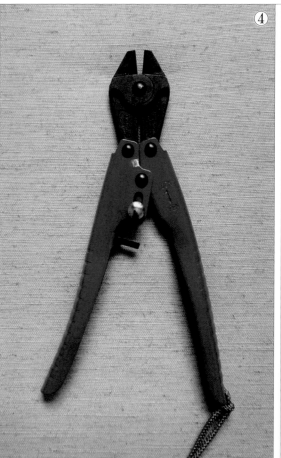

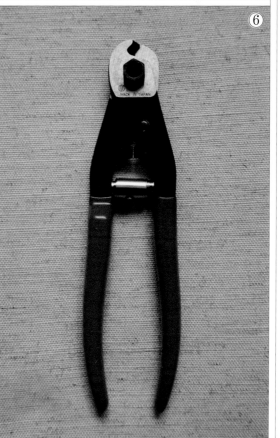

三、成形工具

（1）锉（见图3-15）：不同形状不同粗细的锉刀，用来打磨或磨削饰物。

（2）雕蜡刀（见图3-16）：雕蜡刀用于雕塑蜡模。

（3）木夹（见图3-17）：木夹中配有皮垫，可在镶嵌宝石的工作中或加工小件物品时固定住加工对象，便于手持握。

（4）台钳（见图3-18）：需固定在平台上使用，台钳是手的延伸，用来固定住首饰，方便双手加工。

（5）平口钳（见图3-19）：平口钳用来弯折金属丝或金属片，并且不在材料表面留下痕迹。

（6）圆口钳（见图3-20）：圆口钳用以加工金属圈或者环。

（7）弯口平嘴钳（见图3-21）：用于在曲面或小空间内进行弯折。

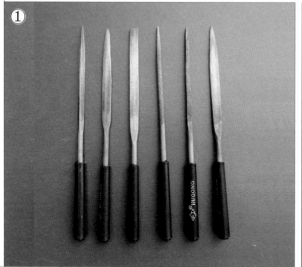

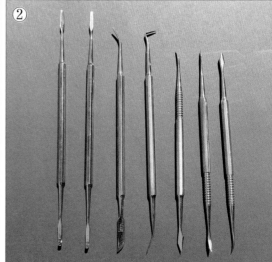

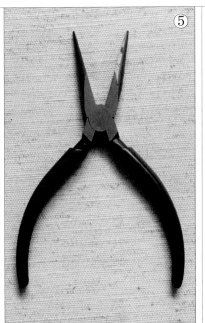

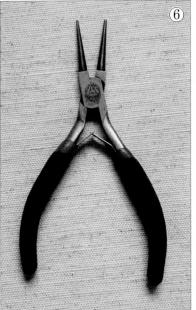

① 图 3-15　锉
② 图 3-16　雕蜡刀
③ 图 3-17　木夹
④ 图 3-18　台钳
⑤ 图 3-19　平口钳
⑥ 图 3-20　圆口钳
⑦ 图 3-21　弯口平嘴钳

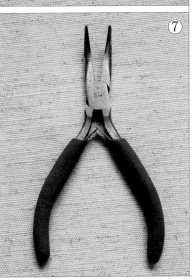

（8）窝堆、坑铁（见图3-22）：窝堆是一种金属立方体，表面有不同尺寸的半球凹面，用以将金属片制作成球形。坑铁四面刻有多种形状的凹槽，可将金属打制成弧形。

（9）羊角砧（见图3-23）：羊角砧用于加工面积较小的曲面或平面。

① 图 3-22　窝堆和坑铁
② 图 3-23　羊角砧
③ 图 3-24　超声波清洗机
④ 图 3-25　稀硫酸
⑤ 图 3-26　铜刷

四、清洁工具

（1）超声波清洗机（见图 3-24）：超声清洗波机用来清洗首饰制品的细微杂物，如抛光后的粉尘、打磨后的颗粒。使用时将超声波机里加水到指定位置，使超声波通过液体震荡，去除制品上的细微残留物。

（2）稀硫酸（见图 3-25）：稀硫酸（浓度一般为 10% 左右）用于清洗金属上的残留物。

（3）铜刷（见图 3-26）：铜刷用于清理金属表面杂质，并能将金属表面刷光亮。

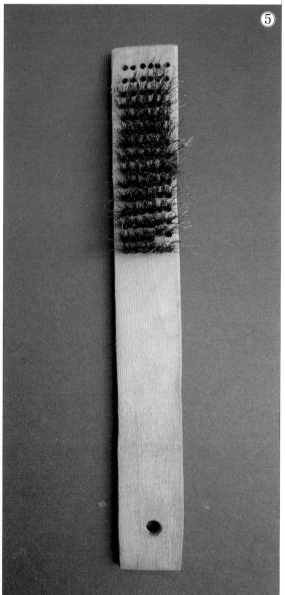

五、锻打工具

（1）钢锤（见图 3-27）：用以将金属锻造成型。锻造过程中，金属会发生延展。

（2）木锤（见图 3-28）、胶锤（见图 3-29）：木锤和胶锤用以锻打金属，并不使金属延展，留下痕迹很浅，相比之下胶锤更柔和。

① 图 3-27　钢锤
② 图 3-28　木锤
③ 图 3-29　胶锤
④ 图 3-30　板牙
⑤ 图 3-31　丝锥

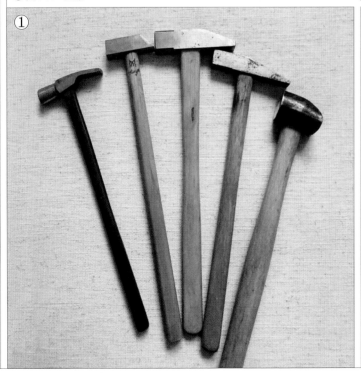

六、钻具

（1）板牙（见图 3-30）：板牙用以制作
螺丝。

（2）丝锥（见图 3-31）：丝锥也叫丝攻，
用以制作螺母。

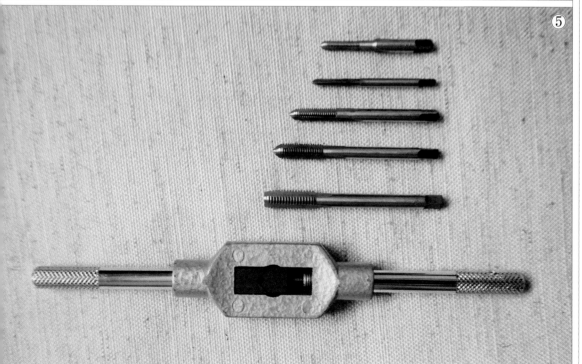

（3）吊机（见图3-32）：吊机需要安装在工作台上。不同大小的钻头、砂轮、抛光轮、清洁刷等工具都可以安置在轴心上，通过踩踏板的力度来调节工具的转速，可以进行打孔、打磨、抛光等工作。

（4）钻头（见图3-33）：钻头用于钻孔。

（5）特殊型号钻头（见图3-34）：特殊型号钻头，可用于钻孔，也可配合丝锥使用。

① 图3-32　吊机
② 图3-33　钻头
③ 图3-34　特殊型号钻头
④ 图3-35　焊台

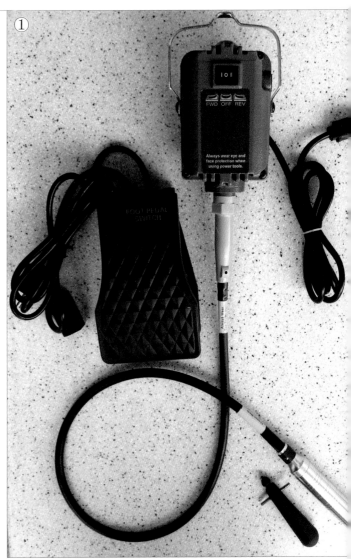

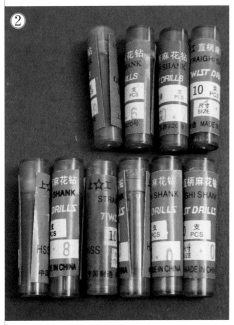

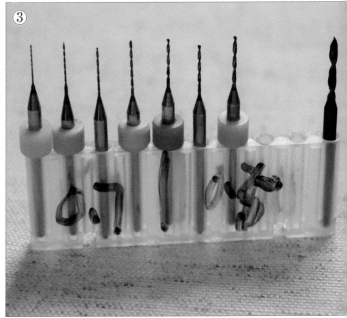

七、焊接工具

（1）焊台（见图3-35）：焊台是焊接用的一个小区域，其上放焊板、耐火砖、钢丝网等耐热材料。有的焊台可以转动，方便在焊接过程中观察作品的焊接情况。

（2）焊板（见图3-36）、石棉瓦（见图3-37）、耐火砖（见图3-38）：焊板、石棉瓦、耐火砖是焊台上的耐火材料，具有保温作用，用于放置焊接对象。其中焊板是焊接专用，石棉瓦和耐火砖也可放置于窑炉中使用。

（3）焊剂（见图3-39）：将焊剂溶于水，涂于需要焊接的部位，有助于焊药的熔化和流动。

（4）焊接保护液（见图3-40）：焊接保护液用在焊接过程中，保护先前已焊接过的焊口，或不需要焊接的部分，它的作用与焊剂相反，用于阻止焊药的流动。

④

（5）焊药片（图3-41）：主要用于金属焊接。焊片的成分不同，其熔点也有所差别。金焊药片、银焊药片的主要成分是金和银，添加成分主要用于降低熔点。

（6）葫芦夹（见图3-42）：葫芦夹用于在焊接过程中固定配件。

（7）绝缘镊（见图3-43）：用于焊接时夹住制品，保护手部不被烫伤。

（8）镊子（见图3-44）：镊子用于夹取制品和掐丝。

① 图3-36　焊板
② 图3-37　石棉瓦
③ 图3-38　耐火砖
④ 图3-39　焊剂
⑤ 图3-40　焊接保护液
⑥ 图3-41　焊药片
⑦ 图3-42　葫芦夹
⑧ 图3-43　绝缘镊
⑨ 图3-44　镊子

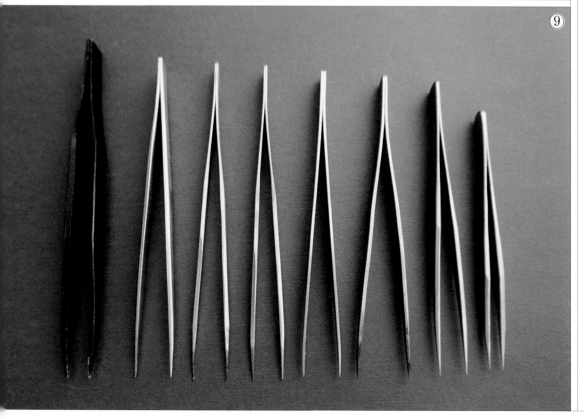

八、抛光工具

（1）抛光机（见图3-45）：抛光机是可以通过轮的高速旋转，来磨擦物体表面，使之变光亮的设备。轮的质地决定了抛光的程度，一般为可更换的棉布轮或毡轮。

（2）磨石（见图3-46）、水磨石（图3-47）：磨石和水磨石用于打磨作品。

（3）飞轮（见图3-48）、抛光针（图3-49）：飞轮和抛光针用于打磨细小的狭窄空间。

（4）铜飞轮（图3-50）：铜飞轮用于清除狭窄空间内的杂质。

（5）布轮、羊毛毡（见图3-51）：布轮一般安装在吊机上，配合抛光剂使用，用于前期抛光；羊毛毡是柔软的抛光工具，用于后期的粗细抛光。

①

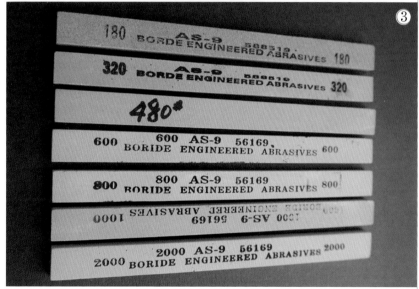

① 图 3-45　抛光机
② 图 3-46　磨石
③ 图 3-47　水磨石

①

②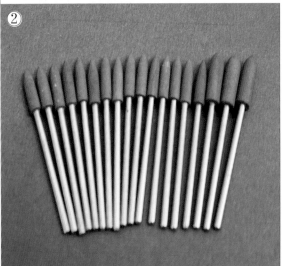

③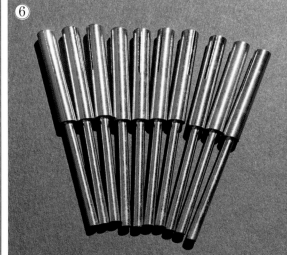

④

⑤

⑥

⑦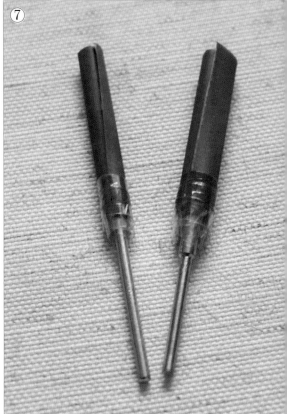

（6）铜扫（见图3-52）：铜扫用于清除杂质，并能够处理表面肌理。

（7）砂纸卷芯（图3-53）、砂纸卷（见图3-54）：砂纸卷芯外缠绕各种型号的砂纸，制成砂纸卷，砂纸卷与吊机配合使用，用于打磨和抛光。

（8）砂纸锉（见图3-57）：砂纸锉是将砂纸固定在平面上，相当于更细腻的锉刀。

（9）钢轧（见图3-55）、玛瑙笔（图3-56）：钢轧和玛瑙笔用来打磨金属表面，将金属打磨出抛光的效果。

（10）抛光蜡（图3-58）：抛光蜡在抛光过程中起到润滑和上光的作用，不同材质的作品采用不同的蜡，抛光前期与后期的蜡也有所区别。

工作室整体样貌如图3-59所示。

以上所提供的工具属于常规首饰制作工具，在具体的工艺中还会运用到一些特殊工具，后文将结合具体情况进行补充说明。

① 图 3-48　飞轮
② 图 3-49　抛光针　　　⑦ 图 3-54　砂纸卷
③ 图 3-50　铜飞轮　　　⑧ 图 3-55　砂纸锉
④ 图 3-51　布轮和羊毛毡　⑨ 图 3-56　钢轧
⑤ 图 3-52　铜扫　　　　⑩ 图 3-57　玛瑙笔
⑥ 图 3-53　砂纸卷芯　　⑪ 图 3-58　抛光蜡

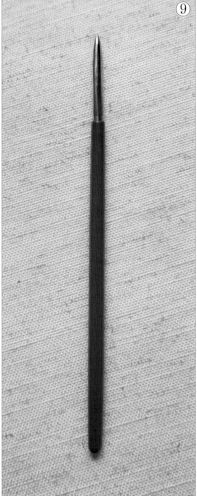

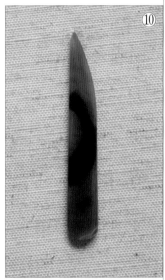

图 3-59　工作室整体样貌

第四章

传统首饰工艺技法

一、錾刻

（一）錾刻的概念

錾刻，也称錾花或实錾，是我国常见的一种细金工艺形式。通常使用钢制的各种形状的錾子，用小锤敲击钢錾将花纹刻在金属表面。錾刻大致分三步进行：第一步是勾线，勾勒出作品的纹样；第二步是制胎，錾刻或焊接作品的基本形态的起伏和翻转折叠；第三步是细錾，处理细致入微的表面纹理。錾刻的工艺基本为手工操作。一手执錾子、一手持锤子，在金属表面刻画花纹，錾刻的整个流程看似非常简单，但是需要长期的磨练才能达到手、眼、脑的协调配合，达到身心物统一的境界。

（二）錾刻的种类和技法

錾子好像画家的画笔，可以在金属板上勾勒线条，如平錾和镂空；錾子又好似雕塑家的雕刻刀，能够在三维空间内塑造形态，如阴錾和阳錾。下面分别就錾刻的种类作以说明。

1. 錾刻的种类

平錾：通过錾子在金属表面勾勒线条。一般先錾刻大的框架，再錾刻小的细节；先錾刻粗线条，后錾刻细小的线条。平錾是只錾刻线条，运用线条的粗细、疏密、曲直来产生视觉的变化。

阳錾：通过对金属正反两面錾刻，形成凸起的立体效果。也可以通过錾低阴纹的方法，反向抬高阳纹。

阴錾：通过对金属正反两面錾刻，形成凹陷的立体效果。也可以通过抬高阴纹的方法，反向压低阳纹。

镂空：錾刻好纹样后，剔除底纹的方法，也称脱口。

2. 錾刻的基本技法

以上四个种类又可以细分为勾、落（lào）、顶、库模、压、采、戕、丝等基本技法。

勾：即在素胎表面勾勒线条，是錾刻开始的第一步，也是錾刻的基础。

落：即"落地儿"，也就是"沉"的意思。在"勾"的基础上，留出阳纹，把阴纹錾刻出不同的肌理或者錾低一个层次，使阳纹更加鲜明。

顶：在整体图案錾刻完基本形之后，从反面把局部顶起来。一般这种手法应用于錾刻动物眼睛、鼻子，植物的花芯等细节部分。

库模：通常使用铜板制作一个纹样的大概起伏，然后用锡翻制成两片阴阳模具，再将金银片放在模具中间，用木锤敲打挤压，把金银片敲成与模具一致的形状。此工艺经常应用于小批量生产，可以大大节省前期造型的时间，又保证了成品造型的一致性。

压：就是冲压。

采：也称"采光"，应用于光素表面的处理。根据具体形态，用大小形状各异的錾子在金银表面敲击，使其光润、顺畅。一般在后期处理阶段应用此工艺。

戕：用比较锋利的錾口，在金属表面剔除一定的材料，留下粗、细、深、浅不同的痕迹，体现出丰富的视觉效果，类似国画作品。此工艺一次成型，多用于錾刻松、竹、梅和人物等传统平面纹饰。

丝：也称"组丝"，此工艺的关键在于錾口，将錾口磨成 3～5 条平行线，使用时可以一次錾刻出 3～5 条组丝。既能提高工作效率，又可以增加工艺的严整度。与之类似的还有回纹錾、葫芦錾、三角錾、铜钱錾等。

① 图 4-1　錾子

（三）以藏族银碗为例详细解析工艺流程

1. 准备工作

（1）錾刻工艺的錾子是必备工具，錾子的好坏直接关系到成品质量。各种型号的錾子（见图4-1），有走线的錾子，有敲起伏的錾子、敲肌理的錾子、敲特殊纹样的錾子、敲成品材质的錾子（见图4-2）等。

（2）胶是錾刻工艺的基础，它的配方是红土、松香、花生油（香油更佳），按照24:4:1的比例进行加热混合。其中松香越多越硬，油和红土越多越软。可根据錾刻的具体要求选择胶的软硬。如錾刻大的起伏形态时用稍软一些的胶，后期细节刻画时用硬一些的胶（见图4-3）。

（3）银片、锤子、剪刀、焊药、皮老虎、稀硫酸、铜刷等。

2. 制作流程

第一步：绘制图纸

首先是确定并绘制立体器形的尺寸、规格、形制，其次是确定并绘制平面的纹样装饰。图纸比例为1:1大小。

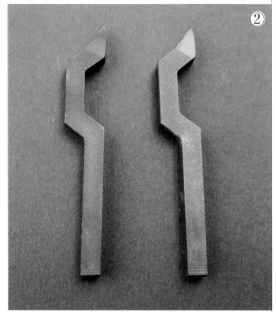

① 图 4-1　錾子

② 图 4-2　S925、S999 錾子

③ 图 4-3　胶碗

① 图 4-4　下木料
② 图 4-5　轴心粘接胶漆
③ 图 4-6　把胶漆烤软
④ 图 4-7　粘接木头
⑤ 图 4-8　浇冷水降温冷却
⑥ 图 4-9　金属车刀
⑦ 图 4-10　车木碗
⑧ 图 4-11　磨木碗
⑨ 图 4-12　取木碗

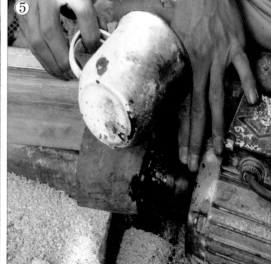

第二步：制作木胎

藏族银碗的一个特点是以木为胎，内外包银。

（1）下木料：选择合适的木料裁切成小块（见图4-4）。

（2）上车床：在车床的轴心粘接胶漆，用火把胶漆烤软，将木头粘接在车床上，然后浇冷水降温，使其冷却，粘接牢固。（见图4-5～图4-8）。

（3）车木碗：根据碗的具体形态，制作与之相匹配的金属车刀（见图4-9）。开动车床，以同心轴的原理车出对称的木碗（图4-10）。

（4）磨木碗：用砂纸和砂布，按照由粗到细的顺序打磨。打磨时也开动车床，提高打磨效率。（见图4-11）

（5）锯木碗：加工好的木碗用手工从车床上锯下来（见图4-12）。

第三步：锻造银胎

根据加工好的木碗尺寸，锻造出与之相配的银碗内外两部分银器。

（1）锻造大形：由于锻造工艺很耗费时间，师傅们将5张银片叠在一起，一同锻造，这样可以一次锻造出5个基本一样的银片（见图4-13、图4-14）。在此过程中要反复敲击，反复退火，保持金属的良好延展性。

（2）库模：将5个锻造好基本形态的银片分开，分别放入模具里面敲击（见图4-15），使造型统一。

（3）裁剪多余银片：将模具外面多余的银片剪下，回收。

第四步：錾刻碗外部银器

（1）灌胶：由于银碗是空心的，直接錾刻会变形，所以要把胶灌入银碗内。

（2）制作卡具：錾刻过程中要使银碗与视线保持一定的倾斜角度，又能够转动，需要制作一个卡具。在木桩上钉一高一低两条木板，木板之间空隙刚好使银碗呈一定角度固定在里面（见图4-16）。

（3）拓印图纸：把事先设计好纹样的图纸，粘接在银器表面，然后用针形錾子顺着线条敲出连续的点，将图纸取下，留下点的痕迹。

由于是立体造型，也有些更讲究的做法：制作一个与银碗一样曲度的铜片，在模具上调整平面图纸在立体造型中的延展关系，反复调整后，再根据铜片上的放样图形进行錾刻。

（4）錾刻纹样：根据拓印时留下的点，先用走线的錾子錾刻纹饰；再用肌理錾子（见图4-17）錾刻底纹，最后錾刻开光内纹样（图4-18～图4-21）。

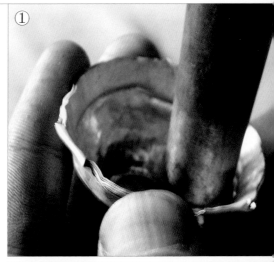

① 图4-13　锻造银片
② 图4-14　锻造好的银片
③ 图4-15　库模里敲击银片
④ 图4-16　卡好的银碗
⑤ 图4-17　肌理錾子

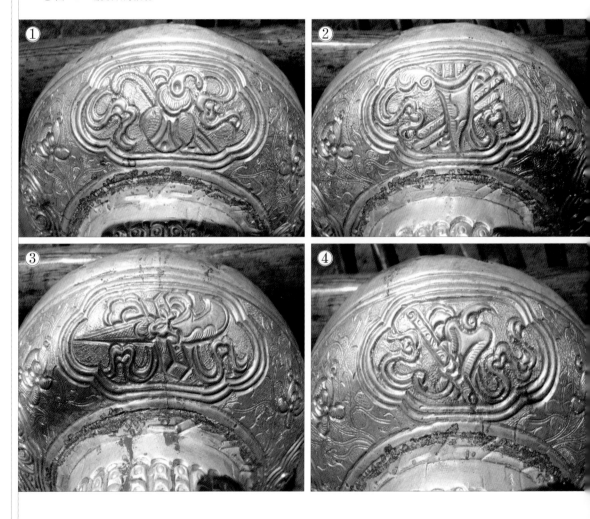

（5）脱胶：将錾好纹样的碗放在火上加热，碗口向下，取出碗内部的胶（见图4-22）。此时要用温火，如果火太大胶会糊，火太小胶又不能流出。取出来的胶要回收再利用（见图4-23）。取出胶的银碗（见图4-24）要继续加热，使银表面粘着的胶完全碳化，经清水洗涤后，放入稀硫酸溶液中浸泡30分钟，去除杂质污垢，再用清水洗涤，晒干。

⑤

⑥

⑦

第五步：制作碗内银器

其工艺与第三步相同。锻造完成以后，在碗中心焊接莲花形装饰（见图4-25）。花芯部分为錾刻金片，花瓣为錾刻银片，分两次焊接完成。焊好后还要经过酸洗过程去除杂质（见图4-26）。

第六步：组装碗内银器

（1）将车好的木碗粘接在车床上，然后将银器套入碗内，在口沿处将银器向外翻转，包裹住木胎。整个过程车床一直转动，用玛瑙笔赶胎的方法使银与木头贴合一致（见图4-27）。

（2）组装好之后，利用车床旋转，用砂布和砂纸进行打磨（见图4-28）。

（3）用钢丝球上光（见图4-29）。

（4）从车床上取下碗，放入软布包裹的筐里（见图4-30）。

第七步：组装碗外银器

（1）焊接银圈足：根据碗外部的银器底端直径制作银圈足。先用银丝圈好圆圈，末端焊接在一起，再套在模具上整圆（见图4-31），最后焊接于碗底。焊接后同样经过酸洗、水洗、晾晒（见图4-32）。焊接银圈足的目的是可以保护碗底的银片不被磨损。

（2）涂胶：木胎表面均匀涂抹自制的动物胶（见图4-33）。

（3）最后组装：将碗外银器套在木胎上，轻轻按压表面，使木胎和银器完全贴合。

（4）胶干，完成制作。

作品展示（见图4-34）。

① 图 4-25　焊接碗中心装饰
② 图 4-26　酸洗后的碗内银器
③ 图 4-27　银包木碗
④ 图 4-28　砂纸打磨
⑤ 图 4-29　用钢丝球上光
⑥ 图 4-30　软布包裹的银碗半成品

① 图 4-31　整圆
② 图 4-32　银碗外部晒干
③ 图 4-33　涂胶
④ 图 4-34　作品展示

相关活动

　　组织观看关于各民族錾刻的纪录片和清代宫廷錾刻首饰，让同学们反复熟悉錾刻的方法。从临摹和讨论錾刻纹样开始，了解传统文化，然后应用传统元素设计现代首饰。

思考题

　　藏族银碗外部的开光是什么纹样？来源于哪里？具有什么样的寓意？

举一反三

　　了解了藏族的錾刻工艺之后，进一步认识白、傣、苗、汉等民族的錾刻手工艺。

小贴士

　　碗内灌胶之前要将弧度比较大的碗腹内填入少量胶，等干后再加入大部分的胶。这样做是为了保证碗腹部分没有空气，完全与胶贴合。

二、花丝

（一）花丝的概念

花丝工艺是一种精美的传统手工艺。它有广义和狭义之分。

广义的花丝指传统"细金"工艺。运用各种不同的金银丝，经过掐、填、攒、堆、垒、织、编、盘曲和焊等技法制成各种首饰和工艺。金银丝有很多种，包括花丝、镶丝、拱丝、罗丝、麻花丝、麦穗丝和竹节丝等。花丝工艺品具有玲珑剔透、细致精巧的特点。

下面结合具体实例来分析不同花丝首饰工艺技法。

（二）综合花丝工艺

以苗族银梳为例详细解析工艺技法。

花丝银梳（见图4-35）的制作是一项统筹安排非常严谨的工作，每一部分要分拆成最小的单元件进行加工。先从丝开始，结合錾刻工艺，完成花丝小件；再分组进行焊接，最后分层处理，按照从下至上、由内及外的顺序组装。整个流程经历17天，涉及上百道工序，由33组花丝小件组装而成。每部分的材料配比因其功能不同、造型不同而有所差异。因此，花丝作品需要工艺师合理分配时间，有效利用空间，恰当使用材料。

1. 准备工作

（1）银片：厚度为 0.15 ~ 0.2 毫米。

（2）花丝：取直径为 0.22 ~ 0.25 毫米的银丝，将其压为原有直径 2/3 的扁圆丝，再以单根或双根搓成花丝。

花丝的制作如下：

第一步：取银丝

根据作品取粗、细两种银丝（见图4-36）。

图 4-35　花丝银梳

第二步：银丝退火

将银丝卷成圈，放到石棉板上进行退火（见图4-37）。这一步是将银丝软化，使之具有更好的延展性。退火使用的工具称"皮老虎"，是一种类似于空气压缩机的工具，使用的燃料是汽油，其火力大小是靠脚踏风箱的力量和速度来调节。由于是手工操作，火焰变化更加丰富。火苗的长短、大小，火力的软硬都可以随时调节。

第三步：银丝降温

退火完毕，将银丝放在一旁自然降温（见图4-38）。

第四步：对折银丝

A、B两人合作将较粗的银丝伸展开，并对折。

第五步：拧"麻花"

A拿住对折处（对折处可穿入一根铜丝，便于固定于手中），B在另一端将银丝拧出一小段"麻花"（见图4-39）。

第六步：拉直银丝

B将银丝的"麻花"一端放于平整的桌面上，并用小木板搓。此时A要保持将银丝拉直，不得卷曲（见图4-40）。

第七步：反复搓银丝

反复搓动，整条银丝逐渐拧成花丝，直到搓丝时丝有明显的反强力。

第八步：退火

再将花丝卷成圈进行退火，退火后重复"第三步""第四步"步骤。

第九步：搓银丝

待银丝搓成适当密度，花丝便制作完成了（见图4-41）。

较细的银丝制作花丝同上。

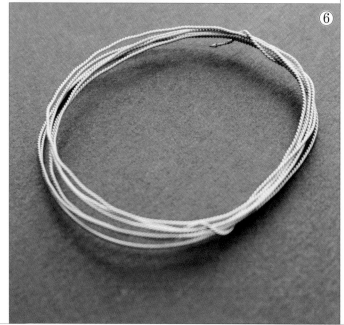

① 图 4-36　取银丝

② 图 4-37　退火

③ 图 4-38　银丝自然降温

④ 图 4-39　在一端拧出一小段"麻花"

⑤ 图 4-40　搓花丝

⑥ 图 4-41　制作完成的花丝

第四章　传统首饰工艺技法

（3）花丝卷：这是花丝加工的关键。在1.5米长的木板上钉两排长钉，每排钉组成"W"形，把搓好的花丝在钉子之间有序地反复缠绕八次，并在花丝之间涂抹特制胶水或者白芨水，形成一组由八根花丝并排组成的花丝组。无论是银片还是花丝，在具体加工之前都要进行退火，保持金属的延展性。

（4）焊药。它是金属之间相结合的材料。其熔点低于焊接材料的熔点，在高温情况下熔化，变为液态，使金属熔接在一起。焊药分为焊片和焊粉两种：焊片用来焊接比较大的材料，焊粉用来焊接细小的花丝物品。

（5）焊接工具是皮老虎。传统的皮老虎靠脚踩风球提供氧气，近些年来苗族地区逐渐开放，把设备进行了改进，用电动气泵代替皮老虎。这是传统工艺的改进。

2. 制作流程

第一步：掐丝

老艺人根据多年积累的大量纹样模板，选一种放样。按照纹样用镊子把花丝卷弯曲折叠，即为掐丝。由于之前准备的花丝卷是八根一组，这样一次可以掐出八个相同的纹样。如凤凰的翅膀、羽毛等图样，既可以保证左右对称，又节省时间。

拆分花丝卷。首先，将其放在金属托盘上，上面用点燃的松树皮加热，下面用皮老虎焊枪加热金属托盘。其次，把成组的花丝卷拆分成单个花丝。加热后胶已经炭化，用特质的镊子夹起花丝卷轻轻摔在木质桌面上，使花丝卷自动散开。散开的花丝按照纹样顺序排列好，放入纸盒里备用。

第二步：焊丝

常规的焊接工艺是一次性完成，苗族花丝焊接工艺要分五步完成。

（1）摆放：裁切130毫米×220毫米×0.2毫米的银片3张，退火，敲平。将花丝蘸上硼砂水摆在3张银片上，使之悬空。先用温火吹干，使花丝固定，取下，再一次刷硼砂水准备焊接。

（2）撒焊粉：焊粉装在一个竹管内，用镊子轻轻敲打竹管中部，使焊粉均匀地撒在花丝周围。

（3）正反两面加热焊接：先从反面加热，用小火把硼砂水吹干，再用大火加热，使焊粉熔化，沿着花丝边缘流动。然后用大火从正面再次把银丝和银片焊牢。

（4）正反两面敲平：把银片放在尺寸为300毫米×200毫米×200毫米的硬木墩上，用"L"形锤子敲平。锤子头是黄铜料，质地较软，可以很好地保护花丝。

（5）不加焊粉再次焊接。要使焊粉在高温情况下再次熔化，并且沿着花丝与银片之间的缝隙充分流动。冷却后再次敲平。

（6）敲平整的银片要把纹样进行拷贝。

第三步：清洗

苗族人称之为"煮活"。这个工艺流程比较烦琐，全部是传统的工艺方法。

（1）退火。靠炭火烧去复写纸的蓝色。

（2）明矾水煮10分钟。

（3）取出后放入清水中漂洗，再用黄铜刷子用力刷去表面污垢。

（4）再次退火，蘸硼砂水，再烘干，反复进行两至三次，去除杂质。

（5）再次放入明矾水中大火煮8～10分钟。

（6）取出放入清水中煮3～5分钟，去除明矾。

（7）清水刷洗即可。

第四步：按照花丝纹样拆分银片

（1）錾刻花纹：在焊好花丝的银片上面

鏨刻少量装饰纹样，例如龙鳞片、蝴蝶翅膀、花蕊、花瓣装饰等。

（2）镂空：把纹样中间多余的部分用鏨子凿下。镂空效果使得花丝作品给人更加轻灵通透的美感，这是花丝作品的一个重要特征（见图4-42）。

（3）剪片：按照花丝外轮廓，将银片剪成单个花丝小件。

（4）再次鏨刻：将剪下来的银片边缘整理平滑，根据剪下后纹样的具体特征，从正反两面补充鏨刻。如米字纹、大小圆点、大小圆圈、回纹等。

这样单层的花丝小件就完成了。

第五步：整体焊接

这步的技术难度最大，温度、火候、手眼配合一定要恰到好处，要有丰富的经验。

（1）单件焊接：把加工好的单层花丝焊在一起组成花丝小件。这样的作品有33组，其中包括大凤凰、小凤凰、鸟、牡丹、山花、蝴蝶、鲤鱼、二龙戏珠、火焰龙等。除了银梳底盘侧边和中间的大花以外，其他都是左右对称出现。每个花丝单件都由几层花丝片组成。

以凤凰为例简要说明自下而上的焊接过程。首先，在凤凰头部焊接银珠作为眼睛。其次，把凤凰身体部分放于最底层，其上一次性焊接一对大翅膀和一对小翅膀。接下来，在小翅膀中间放梅花形花丝件和银珠，再一次焊接。然后翻到背面焊接尾部和腿部。凤凰的尾部分三块制作，先将它们排列好，从反面焊接成一个整体，再与凤凰身体焊接。同样，凤凰的腿和爪子也是如此。最后，焊接凤凰的翎毛，由于翎毛很细，又有纹样，适合最后焊接（见图4-43）。

图 4-42　鏨刻和镂空银片

99

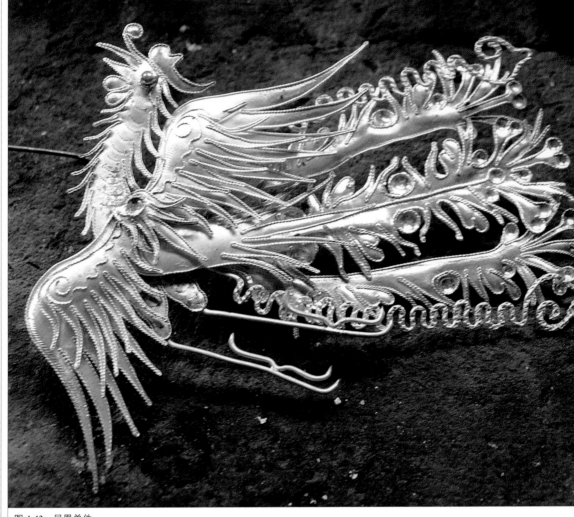

图 4-43 凤凰单件

（2）整体焊接：用银丝将 26 个花丝小件与蝴蝶形底面焊接在一起。这个流程分三步进行：

第一，整理蝴蝶形底面。第二，取直径为 0.6 毫米的 92.5 银丝 100 毫米，将其对折，末端分别焊在两个花丝小件的背面。大凤凰花丝件比较重，用直径为 0.9 毫米的 92.5 银丝连接，第三，对折的银丝中点按顺序焊在蝴蝶形底面的背后。这样先前做的 26 个花丝件和底面就焊接成了一个整体。

翻到正面，把小花丝件旋转向上盘到蝴蝶形底片之上。银丝起到弹簧的作用，能够减缓压力和拉力。同时，还要注意保持左右对称。

（3）底盘焊接：底盘同样是蝴蝶造型，镂空面积较少。首先，制作水滴形银梳柄，焊在蝴蝶形底盘中心。其次，底盘的外边缘和内部分别焊接 5 根直径为 1.5 毫米的 92.5 银丝，作为龙骨。92.5 银丝弹性好，硬度高，能够支撑整个银梳的重量（见图 4-44）。

图 4-44　底盘焊接

第六步：制作银梳侧面

侧面包括两个部分，一个是侧板，一个是坠子。

（1）侧板的目的是挂坠子，加强银梳侧面的观赏性。侧板下端要焊接一条波浪形的银丝，挂 45 个坠子。

（2）坠子的目的在于装饰和发出声音。由链、如意结和圆锥组成。

至此，所有的单件都加工完毕。

第七步：清洗

这个工艺与前面提到的花丝银片清洗工艺有所区别。

（1）把所有花丝件放在炭火上微微加热，刷硼砂水，烘干，再重复一次。

（2）用木炭堆成窝形，把花丝件放在其中，盖上点燃的大块木炭，保持 8～10 分钟，待花丝件全部变白再清洗。老艺人的工作室里没有温度计，完全凭眼力观察。

（3）放入冷水中，加明矾块，煮 5～8 分钟。

（4）取出，清水煮两遍。

（5）用黄铜刷子逐个刷亮。

如有小件花丝脱落需要重新焊接，焊接后需重复清洗过程。

第八步：组装

把先前花丝件的银丝穿过底盘，缠绕在银梳柄的根部。

组装步骤：先安装局部花丝配件，如蝴蝶须子（见图4-45）；再把焊好的26个花丝件和1朵大花整体安装在底盘上；最后安装侧板，组装完成。

整个银梳重179克，轻灵通透是其显著的特征，佩戴时花丝小件会随着人的活动轻微颤动，同时发出悦耳的银铃响声。

一件精美的传统工艺银钗经过17天的制作，终于完成。由于纹样的粗细有别，精陋不一，类似的银梳也可以在几天内完成。这件银梳的每一部分都有丰富的细节，每一个纹样都有一段动人的故事，充满了吉祥的寓意。

作品如图4-46所示。

图4-45 蝴蝶局部

图 4-46　刘永贵师傅制作的花丝银梳成品

（三）编丝工艺

编丝即花作，为金属细金传统方法，是金属细工中最精巧的工艺之一。它用细如发丝的金银丝，通过盘曲、累积和焊接组成各式图案。其中立体的累丝作品制作难度更大，要先经过"堆灰"的工序。所谓"堆灰"即把炭磨成粉末，用白芨草泡制的黏液调和来塑形，塑成人物和走兽等所需要的形象，然后在上面进行累丝，用焊药（分金焊和银焊）焊接，之后置于火中把里面的炭末烧毁后，从缝隙中取出，即完成这件剔透玲珑的工艺美术作品。

以苗族"小米花"手镯为例详细解析工艺流程。

1. 准备材料

（1）制作小米花手镯（见图 4-47）所用的银丝有两种：一种是截面为四方形的银丝拧成的花丝，四方形截面为 1.3 毫米 ×1.3 毫米；另一种是两根圆丝拧成的花丝，直径为 1.0 毫米。根据上文提到的花丝制作方法即可。取 12 根直径为 1.3 毫米的 99 纯银花丝，每根长 240 毫米。

（2）备一根长 120 毫米的枣核形软木棒和棉布条。

2. 制作流程

第一步：熟悉编织法则

"两根压一根"是"小米花"编织的基本法则，即花丝穿行的路线始终保持在两根上、一根下。口诀是："上出头，下两条；下

出头，上两条。"虽然原理简单，但是实际操作却不容易。

第二步：编制流程

（1）将 12 根花丝均匀地包裹在木棒外，用棉布条在木棒中间捆绑固定，然后开始从中间向两端编织。先编一端，再以同样的方式，完成另一端。以这样的规律编织好之后，花丝形成了网状，把整个木棒包在了里面。

（2）两端收口处有 12 根花丝，将相邻两条拧成一组，共 6 组，防止花丝散开。

（3）此时把它整个放入火里烧去木棒，得到两头尖的空心网状花丝柱。接下来需要对其进行整理，使花丝柱变短，丝网变密。然后，把花丝柱弯成半圆形。在这个过程要反复退火。这部分就是"小米花"。

（4）制作两根粗细渐变的银条。银条分两段，粗的一段有三指宽，横截面是六边形，直径约 4 毫米，用锤子锻造而成；细的一段有四指宽，直径为 2 毫米的圆丝，借助拔丝板完成。

（5）把两根银条的粗端插入编好的"小米花"两端，并焊接在一起；然后把细端分别缠绕在另一根丝粗端，整体呈圆环形。

（6）取直径 1 毫米的花丝在焊接处缠绕。既可以遮挡焊口，又可以使造型顺畅不伤手。

第三步：清洗

流程如上文花丝工艺第七步的清洗流程。至此，"小米花"手镯就完成了。

作品展示（见图 4-48）。

图 4-47　小米花手镯

图 4-48　小米花手镯成品

（四）填丝工艺

填丝是银饰中常见的手法之一。将宽扁丝掐成的纹样，填入花丝框架，称"填丝"，也称作"平填"。它与前两种工艺不同，它没有底片，也没有木质结构支撑，基本以平面图形为主。

以填丝手镯为例详细解析填丝工艺流程。

1. 制作流程

第一步：压成扁丝

填丝工艺使用的花丝一般要压成扁丝，侧立起来使用。单根花丝可见面宽为 0.2 毫米，因此，填丝作品显得十分细致玲珑（见图 4-49）。

第二步：填入花丝焊接

按照平面图形先做最外圈粗丝，掐好后焊成闭合曲线；然后由外向内一圈一圈把花丝填入，直至中心；将盘好的丝焊接在一起，形成小单件（见图 4-50、图 4-51）。

图 4-49　扁丝

图 4-50　花丝单元件

图 4-51　焊片和焊粉

第三步：焊接小单件，清洗，折成圆环手镯形

根据小花丝件的外边尺寸和手镯的尺寸，制作截面为1毫米×3毫米的粗丝外框，把小单件填进去焊接（见图4-52），之后进行清洗，最后把平面的花丝框放在手镯棒上折成圆环形，即完成一件手镯作品。

作品展示（见图4-53）。

图4-52　焊接组件

图 4-53　填丝手镯局部

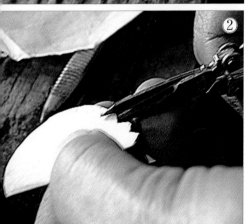

（五）垒丝工艺

以傣族发簪为例详细解析垒丝工艺。

发簪是傣族女性常备的首饰之一，运用花丝工艺制作发簪是傣族首饰的一个特点，其效果精美细致，有浓郁的民族特色。

发簪的制作工艺比较复杂，整体步骤按照自下而上、由内及外的顺序进行。

第一步：制底板

用 0.1 ～ 0.2 毫米厚的银板剪出 16 个角的太阳纹作为发簪底部（见图 4-54 ～图 4-56）。

第二步：拔银丝

把银条拔成直径分别为 0.3 毫米、0.4 毫米、0.5 毫米、0.7 毫米等不同粗细的银丝（见图 4-57）。拔丝过程分多次进行，每拔两次之后都要正反两面退火，以保持银丝良好的延展性。

第三步：拧花丝

取直径 0.7 毫米的银丝 600 毫米，对折，把钉子放在对折点固定，另两端放在木桌上，用木条拧成麻花状（见图 4-58）。由于在拧的过程中木板运动方向有前有后，所以麻花丝也有正丝和反丝之分。花丝手镯就是运用正反花丝拼接在一起的肌理效果制作的。

第四步：围底边

用麻花银丝按照底片的太阳花形折好放平（见图 4-59）。

第五步：制宝塔

取直径 0.4 毫米的银丝做高 7 ～ 8 毫米的小宝塔 16 个。先用直径 3 毫米的铝棒把一端修成锥形，打半孔，将银丝头插在孔中，固定，另一端缠成塔形（见图 4-60）。

第六步：制羊角

取直径为 0.5 毫米的银丝 25 毫米，两边用镊子弯成螺旋形，再对折，呈羊角状，共 8 个（见图 4-61）。

第七步：焊底片

把上一步做好的成品按照隔角一个的方式放在太阳花形底片的角上。连同第四步的银丝一起用焊粉焊接（见图 4-62）。

第八步：焊银珠

把银丝剪成 3 ～ 4 毫米长的小段放在木炭板上用焊枪大火吹，直到看到表面全部通红，银丝逐渐聚集成银珠，表面有"开脸"现象，这时迅速撤火，一个表面光滑的小银珠就完成了（见图 4-63）。然后，把银珠分别焊在小塔和羊角顶端。焊接可采用两种方法：一种是在焊接之前把焊粉放好，用温火加热，等焊粉熔化时将银珠放上；另一种方法是把银珠和焊粉同时放在小宝塔和羊角的顶端，统一加温、焊接。经过实验第二种方法的焊接效果比较好，银珠与其他部分一起加温，受热均匀，焊粉熔化的温度稳定，而且总是流向温度高的地方。

这样发簪的底部外边结构就做好了，接下来是发簪底部中心的制作。

第九步：制塔底

用直径为 0.4 毫米的银丝紧而密地缠绕在直径为 0.5 毫米的银丝上，抽出 0.5 毫米的银丝，0.4 毫米的银丝呈弹簧状。再把银丝制成的弹簧缠绕在直径为 2 毫米的铁柱上，抽出铁柱，剪下一圈，修整两端呈菊花形（见图 4-64）。

第十步：焊塔底

取第五步中完成的 8 个小宝塔，顶端焊银珠，中间焊接塔身，底端焊第九步的菊花塔底，最后统一焊在底片中央呈环形（见图 4-65、图 4-66）。

发簪底部已经制作完成，下面

的工艺是制作塔心的上部，这部分的工艺与前面的又有所不同。

第十一步：制塔身

这一步是制作直径由大到小的6个圆环，分层次焊起来作为中央宝塔的塔身。取直径为0.4毫米的银丝紧而密地缠绕在直径为0.6毫米的银丝上，剪下一段弯成直径为15毫米的圆环，焊接末端，修整成圆环，敲平。按照同样的步骤用直径为0.5毫米的麻花银丝和直径为0.7毫米的素银丝做大小不一的圆环共6层（见图4-67）。按照直径由大到小的顺序相邻的圆环两层两层焊在一起，最后再由下向上焊成下大上小的塔身（注：焊接时圆环之间只点四处焊粉，加热时让其自动流开）。由于焊接时圆环之间会有遮挡，露在外面的部分只能看到圆环侧面的肌理，其手工效果强烈，显得极其精致。现代首饰很少有人应用这种方法制作（见图4-68）。

① 图 4-63　制银珠
② 图 4-64　制菊花底座
③ 图 4-65　焊塔底
④ 图 4-66　焊接完成的发簪底部
⑤ 图 4-67　不同丝制成的圆环
⑥ 图 4-68　焊圆环

第十二步：制塔顶

取直径为 0.3 毫米的麻花丝，以最小的圆环为底径做锥形佛塔，然后在顶部焊银珠，同时把每层麻花丝也焊在一起（见图 4-69）。

第十三步：焊塔身

把第十一步的塔身放在底部中心的 8 个小塔中间，塔底的菊花形底座有弹力，可以调节与上部分的松紧、高低、角度等，结构极其合理（见图 4-70）。

第十四步：制塔壁

取直径为 0.5 毫米的银丝，圈成 8 个涡旋形（见图 4-71），把每层银丝之间焊紧，再焊在第十步的小塔侧面，起到固定和美观的作用（见图 4-72）。

涡旋纹是水纹的表现形式之一，在傣族传统首饰中十分常见，这与傣族人长期生活的环境有着密切的关系。傣族人长期依水而居，以鱼为食，涡旋纹是生活起居在审美艺术中的体现。

第十五步：焊外塔

用第五步中剩下的 8 个小塔隔角焊在底片上，发簪头正面就基本制作完成了。

把第十二步的塔顶放在固定好的塔身上，用大火把中心整体焊接在一起。这个步骤中的火候掌握是难点，如果火过大，银丝就会熔化；如果火力不够，就会焊接不牢固，焊接工艺要求精湛（见图 4-73）。

① 图 4-69　塔顶完成
② 图 4-70　焊塔身
③ 图 4-71　漩涡纹
④ 图 4-72　焊塔壁
⑤ 图 4-73　整体焊接

第十六步：焊底柱

为了能够佩戴方便，傣族师傅想出十分浪漫的方法，用厚度 0.2 毫米的银片圈成直径为 2 毫米的筒，焊在发簪背面。佩戴的时候取根竹条，削成合适的粗细，插在底柱里使用。这样轻便又环保的佩戴方式在傣族地区一直保持到现在（见图 4-74）。

第十七步：洗发簪

最后要把整个发簪退火，散热后，放在明矾水里煮 3 分钟，再放入清水里用铜刷刷干净（见图 4-75），再退火。这样反复三次才算完成（见图 4-76）。整个流程由傣族师傅岩宰囡完成。

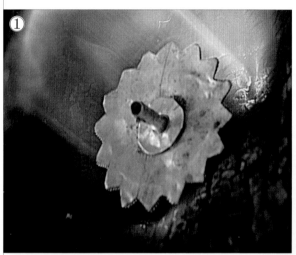

第十八步：镀金

如有需要老银匠还会把银制品镀金（见图 4-77）。

发簪工艺相对比较复杂，做这样一个发簪老银匠需要半天至一天的时间。

作品如图 4-77 所示。

① 图 4-74 焊底柱
② 图 4-75 洗发簪，用铜刷子刷
③ 图 4-76 傣族岩宰囡师傅制作的银发簪
④ 图 4-77 镀金发簪

④

应用同样工艺制作的首饰还有耳柱（见图4-78）。耳柱顶端与发簪工艺基本相同。值得一提的是傣族以大耳孔为美，随着年龄的增长，傣族妇女的耳孔会越来越大。老婆婆的耳柱直径约10毫米，少女佩戴的耳柱由于直径较细，容易丢失，所以要增加一个安全结构。一般的少女耳柱直径有3毫米，工匠利用细银丝圈成弹簧，分成两段，分别焊在耳柱内侧和有底片的银条上（耳柱的内径大于银条的直径），这样就制成了手工的螺丝帽，用焊粉把弹簧花丝焊牢就可以佩戴了（见图4-79）。采用这样复杂的工艺，老银匠要半天才能做好一对精美的耳柱。

这种花丝工艺是傣族特有的，带有民族的审美情趣，它不同于藏族的花丝首饰那么精美大气，也不像苗族花丝那么厚重有力，它采用宝塔造型，手工痕迹在首饰中流露出浓厚的亲和力，表达了傣族人的情感，手工工艺使饰物具有了温度。

① 图4-78　花丝耳柱
② 图4-79　花丝耳柱拆分效果

相关活动

组织同学们自由分为两组，分别欣赏苗族与傣族的生活纪录片。发现并收集其中的民族特色纹样，并选择具有代表性的纹样进行临摹和赏析，同时也可让同学们结合传统民族纹样进行现代首饰作品设计。

思考题

传统民族纹样有着哪些寓意？难度较高的焊接工作的要点是什么？请同学们在实践中总结。

举一反三

尝试在此基础上，请同学们自由选择我国任意一个民族的传统纹样，通过传统工艺制作出一件具有民族元素的首饰，并阐述民族元素的寓意。

小贴士

花丝焊接时要注意整体加温。如果局部温度过高花丝会熔化，如果温度不够焊药很难充分流动，在多次焊接时要将先前的焊口保护起来，防止焊口再裂开。

三、珐琅

（一）珐琅的概念

珐琅是对金属珐琅器的称谓，它以金属为胎，表面装饰的釉料以石英为主要原料，并配合其他颜料烧制而成。珐琅具有器形规整、胎骨轻薄、釉料细腻、色泽明快、璀璨华丽、纹样典雅、线条纤细等特征，但由于其铜或银胎之上的玻璃质釉脆薄，亦具有怕震怕摔、极易断碎的特性。

珐琅的种类很多，有掐丝珐琅、錾胎珐琅、画珐琅、透胎珐琅等。

（二）珐琅的工艺流程

以翻花绳的"神之手"为例详细解析掐丝珐琅工艺流程。

根据玛哈嘎拉唐卡原型，构思设计图纸（见图4-80）。

作品外观设计的灵感来源于藏传佛教中的护法神玛哈嘎拉，其有六臂、四臂、二臂玛哈嘎拉三种，而其中的六臂形象最为圆满、丰富：六只手的造型各不相同，且各手所持法器用途、意义也各不相同，因而其动作形态和文化内涵非常值得学习和参考。在藏传佛教形象中，各位神祇的造型虽然各具特征，但是其中造型最夸张、颜色对比最强烈、最具感染力和民族特色的非护法神莫属，而玛哈嘎拉是男护法神之首，这也是选择玛哈嘎拉的理由之一。

玛哈嘎拉的法器中有一绳索，而绳索具降妖除魔意义，在此为束缚、维持世间平衡，延伸为"不变"之意；然而，在我国的传统游戏——翻花绳中，一条简简单单的绳索，却能千变万化出世间万物，在此为"变

化"之意。这种有趣的反差引起了笔者的兴趣，并由此联想到，这世间一切的本质是否也一如这一条线一样单纯，万物的变化，历史的沧桑，是否在神祇的眼里，其实只是犹如一个游戏一般简单而短暂？

绳索意义的矛盾反差，传统佛手形象与花绳以现代几何形体形式呈现的反差，形成了鲜明的对比，有趣而引人思考。

第一步：制作底片

（1）修改图纸后，将要制作的图案裁剪下来（见图4-81）。

（2）准备珐琅用银胎。制珐琅的银片要在表面敲击纹理，使珐琅在高温状态下流入银片表面肌理与银片更紧密结合。如果是光素的银片，珐琅容易脱落。

（3）依照裁剪下来的图案，在银胎上画出图案的轮廓，再将银片按轮廓裁剪下来。在裁剪时，尽量做到裁剪的银胎形状与所绘的图纸相符合——尤其是当图案比较复杂、内部有许多线条需要拆分再拼合的时候，不能粗心大意，以免掐丝时因为形状不准而导致图案变形甚至无法实现（见图4-82）。

第二步：焊接背针托

在作品的背面焊接好背针的组成部分，但是针暂时无须安装。

（1）将作品放置于耐火材料上。

① 图4-80　设计图纸
② 图4-81　裁剪图案
③ 图4-82　裁剪后的银片

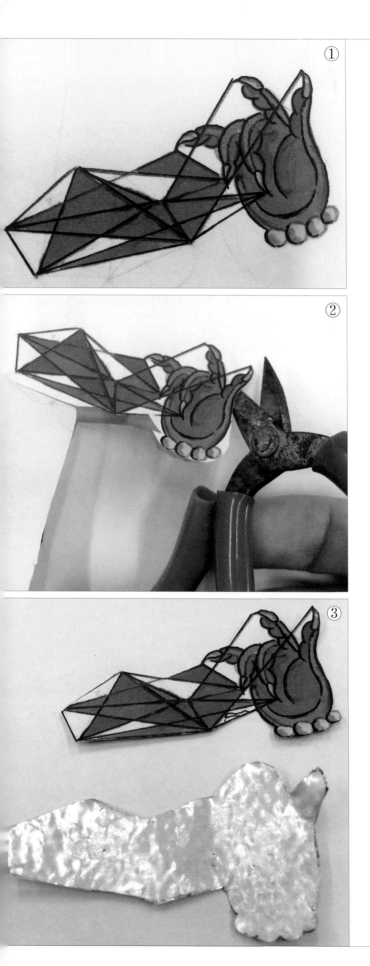

第四章　传统首饰工艺技法

（2）用长镊子夹住需要焊接的部分蘸取少量焊剂，再将焊药放置于连接处。

（3）焊接。焊制过程中应注意控制火焰，一方面是为了安全，另一方面则是由于火焰温度过高，可能会导致背针的损坏。另外要用镊子不断调整、控制需要焊接的部分，以免倾斜、倒下，影响背针的组装（见图4-83）。

（4）在焊接成功之后，稍经冷却，用长镊子夹起作品，浸泡于稀硫酸中5～10分钟，以使作品表面更加干净、光洁。浸泡结束之后，再将作品用长镊子由硫酸溶液中夹出并立刻用清水冲洗。

第三步：调制CMC溶液及白芨

（1）调制CMC溶液以调和釉料。用自制竹签（见图4-84）取适量CMC，均匀撒入盛有适量水的容器中（见图4-85），并搅拌均匀（见图4-86），使CMC溶解于水中（当观察到溶液内无白色细小颗粒时即为CMC充分溶解）。

（2）调制白芨（见图4-87）溶液用以粘花丝：用竹签取适量白芨，均匀撒入（见图4-88）盛有适量水的容器中，搅拌均匀（见图4-89），使白芨充分溶解（当观察到溶液内无褐色细小颗粒时即为白芨充分溶解）。

（3）将CMC和白芨溶液放入超声波机里（见图4-90）3～5分钟，使之溶解得更为充分。

（4）制作好CMC和白芨溶液（见图4-91），将CMC溶液倒入喷壶中备用（见图4-92）。

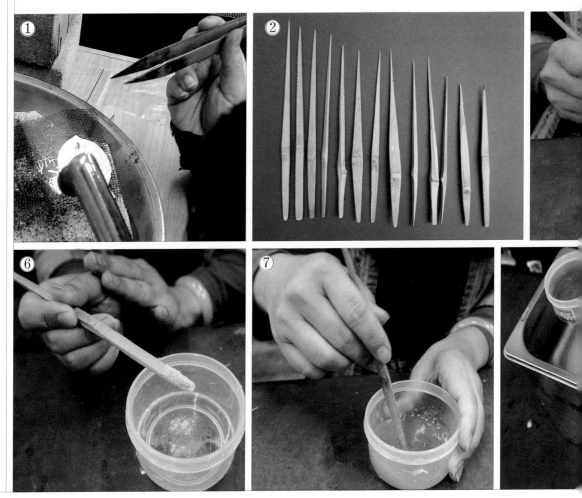

第四步 填底釉

（1）根据需求选择底釉颜色（见图4-93），选择颜色时可参照色板（见图4-94）将所用底釉倒入干净的塑料分装盒内，加入适量CMC溶液，再用竹签调匀（见图4-95）。在取用底料、调和底料、上釉等过程中均应使用干净的竹签，不要使用铁、铜等金属工具（否则会导致变色），也应避免杂质和油污。

（2）手持作品，在正反两面同时上釉（见图4-96），也可单面上釉，入窑烧制（温度760℃～780℃）之后再上另一面，但成品应为双面釉，因单面釉会导致银胎两面受力不均，釉料易脱落，上釉力图各部位均匀。如果釉料中水分较多，可取纸巾围在边缘处，并倾斜作品将水分小心吸出。上釉完成后，可手持作品在桌面上小幅轻轻磕几下，以使釉料均匀。注意：双面同时上釉时，最好在背面先上釉。

（3）上釉时应避免釉料过多，以免在烧制时流下与窑具粘连，或是因底釉过厚，而使成品太过厚重。作品反面经烧制后有一部分施釉过多，或釉料聚集形成个包（见图4-97），要先用磨石将其磨平（见图4-98）再次上釉料（见图4-99），入窑烧制。选择磨石时应注意粗细型号，磨石应一直与水配合使用。

（4）每次入电窑炉（见图4-100）烧制前，先将作品放置于铁质窑具上，尽量将与窑具接触面控制在最小，并保持作品的平衡。在将作品放入窑中和取出时，必须戴好皮质厚手套（见图4-101）用长夹完成操作。电窑温度一直保持在760℃～780℃，并注意观察作品在窑内的情况，以便及时调整（见图4-102）。在烧制完成后取出作品。当作品与窑具粘连时，可待其冷却一段时间后，用长夹夹住窑具在桌面磕碰几下，将作品震落，但不要太过用力，以免作品破碎。

① 图4-93 釉料
② 图4-94 釉料色板

①

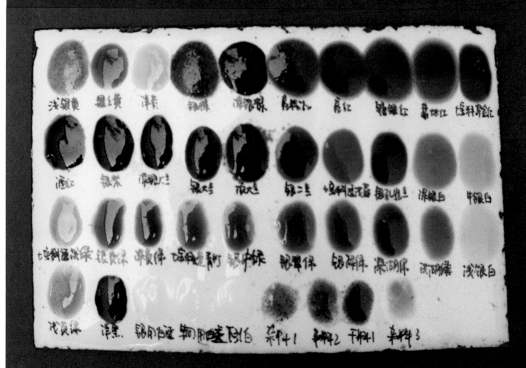

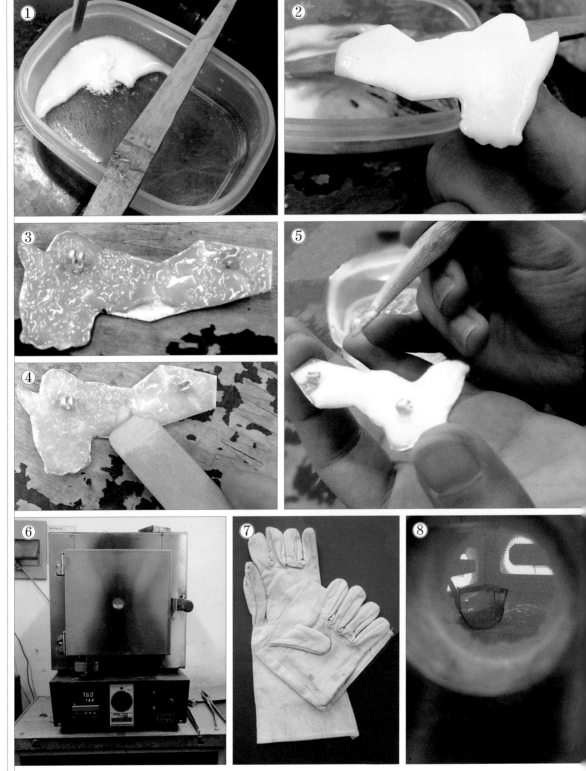

① 图 4-95　调制釉料　　⑤ 图 4-99　再次上釉料

② 图 4-96　上釉　　　　⑥ 图 4-100　电窑炉

③ 图 4-97　第一次烧制后　⑦ 图 4-101　手套

④ 图 4-98　用磨石磨平　　⑧ 图 4-102　观察烧制状态

第五步　掐丝

（1）根据图纸用镊子、剪刀等工具掐丝。可以根据需求选择丝的厚度和种类。本作品采用的是花丝，即将一根银丝对折，再多次搓合紧实，成为均匀的一股，最后用压片机压成合适的厚度。

（2）按个人操作习惯，可将铁钉按照作品形状钉在木块上，将作品放置在上面进行掐丝（见图4-103）。在图案比较复杂时，需要将图案拆分，但是拆分的线条不能太短、太直，否则在烧制时容易倒塌。在掐好形状后，将银丝蘸取少量白芨，再用镊子将其放置到合适的位置，待白芨凝固后，银丝即被粘在釉面上（见图4-104）。掐丝时应根据实际情况进行调整，并避免留有太大空隙而使掐丝之后的填釉过程釉料流出、混色。白芨凝固时会变黄、变黑，但是掐丝完成后，将作品入窑烧制时，窑内火焰可将白芨烧掉。

第六步　沉丝

此过程是要让银丝沉入底釉，使其更加稳定，并同时去除白芨。由于本次使用的白芨浓度较高，虽然第一次烧了较长时间，还是有残存物质（见图4-105），为使白芨完全去除应该再将此过程重复一次。

第七步　填釉

选取合适的颜色，如第三步一样，将釉料填入掐丝的图案框中。要避免釉料过多淹没银丝。另外，釉料颜色需自行调配、调整，需要多次实践才能达到理想的颜色效果。

第八步　入窑烧制

由于窑炉内温度在760℃~780℃，作品在刚出窑和冷却后的颜色差别较大，所以出窑时发现色差不要过于担心（见图4-106），应待其冷却之后再确定其最终颜色效果（见图4-107）。

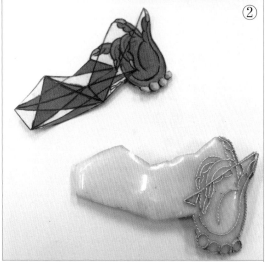

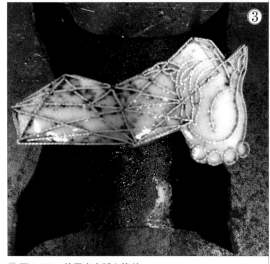

① 图4-103　放置在木板上掐丝
② 图4-104　釉面上粘贴的银丝
③ 图4-105　残存的黑色物质

第九步：修整作品

（1）用磨石和砂纸将作品表面不平整或是在蘸上窑具上的炭灰的地方仔细打磨。在由粗到细的打磨结束后，用水冲洗，再放入超声波清洗机内冲洗掉磨石的粉末，以免在再次入窑烧制时留下磨石的绿色痕迹。

（2）在之前的烧制中，可能会有釉料进入背针部分，也可能会有少量炭灰位于难以用磨石打磨的地方，此时可用金钢砂进行修整（见图4-108）。在此过程中注意控制手的操作稳定。

第十步：安装背针

修整之后，将背针用锉刀等工具处理成需要的形状并安装（见图4-109）。

整件作品完成（见图4-110）。

① 图4-106　刚出窑的颜色
② 图4-107　冷却后的颜色
③ 图4-108　金钢砂针修整
④ 图4-109　用锉刀修整背针形状

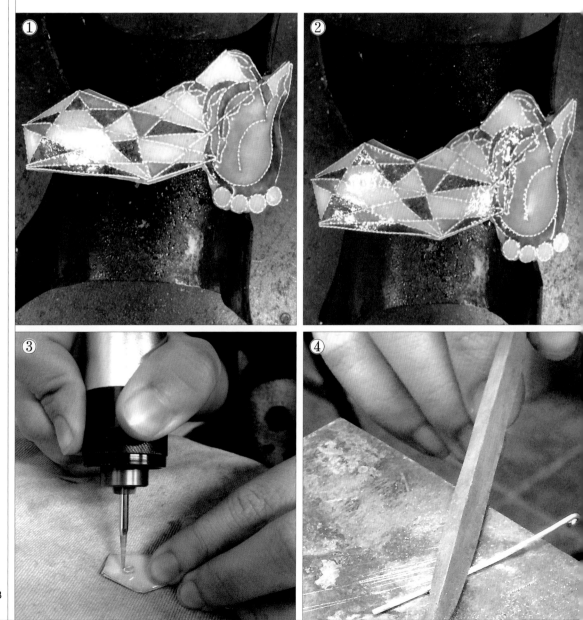

（三）最终效果展示

这件设计作品本身包含了作者对于宗教、对于世界的一些理解，而世界的变迁与纯粹，它的变与不变，可以用这个物象来隐喻：大雪苍茫，水面朦胧氤氲，无法清晰描绘出一切轮廓，唯有荷叶穿过这片迷茫，轻轻摇曳，虽未见花朵，却已能遥想它的芬芳。因而希望通过材料阐述这个物象，设计一个展示方式来与作品相结合（见图4-111）。

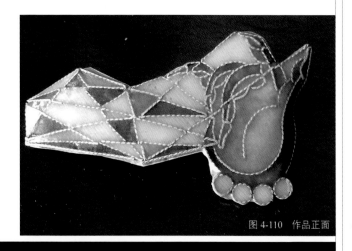

图4-110　作品正面

图4-111　车珩作品展示图

相关活动

　　组织同学赏析中、日、美三国的珐琅工艺作品，细细品味多国工艺家的精工巧艺，感受其中的美。

思考题

　　掐丝珐琅与画珐琅各自的工艺特点是什么？如何应用？如何掌握烧制的工艺？请同学们在实践中总结。

举一反三

　　尝试设计符合掐丝珐琅和画珐琅的首饰图稿，并分别实践，探讨其釉料烧制后的状态以及在视觉上的不同美感。

小贴士

　　制作珐琅首饰的掐丝步骤中，图案中的丝不可以重叠，否则烧成后会出现两条重叠的丝，看上去很粗，与其他部分不统一；同时也不能分开很远，否则釉料在烧制过程中会流出线外。

四、金银错

（一）金银错的概念

金银错是我国古代金属细金装饰技法之一，也称"错金银"。它的做法是用金银或其他金属丝、片嵌入青铜器表面，构成纹饰或文字，然后用错石（即磨石）错平磨光。金银错是我国春秋时期发展起来的一种金属工艺，此后经过历代的传承，金银错胎体也更加丰富，有铁、银、铜、合金等。金银错由我国传入日本，并得以发扬，对日本工艺美术产生了重要的影响，现在已经成为日本现当代金属工艺的主要门类之一。

对于金银错的含义有不同的解释。"金"和"银"，顾名思义是两种材料；而对于"错"的理解则众说纷纭：

其一，汉代大学者许慎在《说文解字》中写道："错，金涂也，从金，声。"这说明"错"在当时是涂抹的意思，也就是将金或银涂抹在青铜器的表面的一种方法。

其二，清代著名的文字学家段玉裁认为："错，俗作涂，又作措，谓以金措其上也。"段玉裁把金银错的意义进行了推广，他认为器物上的金银图案都可以算作金银错的范畴。在漆器领域也有"金漆错"的工艺，在服饰领域也有"金错绣裆"的手法。

其三，清代《康熙字典》对"错"的解释是引自《集韵》"金涂谓之错"。

其四，现代《辞海》中对"错"的解释是："错，用金涂饰。"饰，就是纹饰。

由此可见金银错的含义非常丰富，其工艺手法也是多种多样的。

（二）现代金银错工艺的多种形式

第一，如金银错在各种典籍中所述，将金放入汞里熔化，在液态状态下涂抹在金属表面，然后经过加热或者烘烤使汞蒸发，在金属表面留下金银图案的工艺形式。此种形式是表面处理的方法，与镶嵌的方法迥然不同。

第二，国内学术界对金银错最普遍的看法是：在金属胎体上开出槽，然后将不同材质的金属丝，通过冷加工的方式镶嵌入槽里的一种方法。对于槽的横截面有两种说法：一种认为横截面是燕尾榫形的，嵌入胎内的金属丝不易脱落，但工艺复杂，成功率低；另一种认为横截面是长方形或者方形的，嵌丝比较流畅，容易达到目的，成功率高。笔者通常使用第二种方法。此种工艺制作的作品特点是表面光滑，没有起伏。

第三，与第二种类似，但是镶嵌的不只是丝，也有片。这种层层叠加的金银片，目前在日本比较常见，最多能够叠加五层不同的材质。此种工艺制作的作品表面光滑，没有起伏，以色彩和点线面的节奏变化取胜。

第四，根据设计图样先錾刻出立体的金属配件，再根据配件的大小和形状在胎体表面挖錾出同样的凹槽，最后将配件镶嵌入凹槽。此种工艺制作的作品表面有起伏，立体感强，色彩和材质有反差，层次更加明显，难度也更大。

（三）金银错工艺流程

由上文可知金银错的形式有四种，下面笔者以最常见、最普遍的第二种铜胎错银丝胸针为例详细解析金银错工艺流程。

第一步：设计图纸

金银错的主要特征是以点和线来构成画面，因此，胸针充分运用这两个元素，设计了一款茁壮生长的植物形态（见图4-112）。

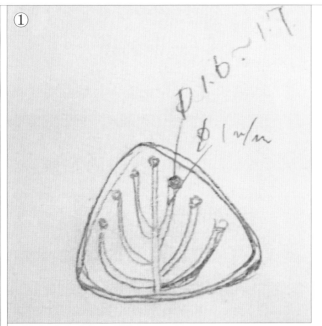

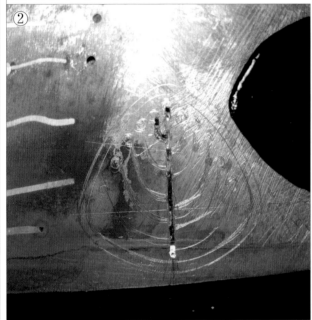

第二步：下料

根据图纸，选择 2 毫米厚的铜板，铜板面积要大于图纸 10 平方毫米以上，避免剔槽时变形。

第三步：上胶

这里用的胶与錾刻用胶一样。经温火加热，胶的表面变软，微微溶化，再将铜板放置在胶上，待凉才可使用。

第四步 拓印

把图纸粘在铜板表面，用点錾的方法或者复写纸复印的方法将图形拓印在铜板上。

第五步：勾线

这里的勾线不是用勾线錾子錾刻，而是用画针直接勾勒图形。图形要勾等宽的双线，线宽即为剔槽的宽度，此处为 1 毫米。

第六步：剔槽

用锐利的剔槽錾子在双线之间的位置剔除铜屑，槽的深度不少于 1 毫米，此处为 1.2 毫米。如果槽的深度大于宽度可以很好地保证丝不易脱落（见图 4-113）。

第七步：错银丝

取横截面 0.9 毫米 ×1.4 毫米的银丝，镶嵌入槽中，再分别用竹子和紫铜的錾子将表面敲平，在敲的过程中使银丝自然膨胀，填满凹槽。紫铜錾口为磨砂效果，能够更好地增加摩擦力（见图 4-114、图 4-115）。

① 图 4-112　设计图纸
② 图 4-113　剔槽
③ 图 4-114　错银丝

图 4-115 错银丝的錾子

第八步：打磨

（1）粗锉。用粗锉将表面多余银料和不平整的铜料锉除，使表面平滑，即银与铜在同一平面（见图4-116）。

（2）锯下精确外形。加热，将铜板从胶上取下，沿着画针勾勒的作品外形，用锯弓锯下。

（3）细锉。细锉加工正面、背面、侧面（见图4-117）。

第九步：焊背针

（1）定位。用冲子对准中心偏上的位置定好位。

（2）打盲孔。使用1.1毫米的钻头根据冲的位置钻深1.3毫米的盲孔。

（3）用低温焊药焊接。取背针插入盲孔，

用低温银焊药焊接（见图4-118）。

第十步：抛光

（1）用砂纸清理焊口边缘去除多余焊药，将背针焊口整理干净。

（2）再次用细砂纸打磨整个胸针。

（3）炭粉打磨。将硬质炭在磨石上摩擦，用磨出的粉末最后一次打磨胸针（见图4-119）。

第十一步：表面处理

（1）酸洗。将整个胸针放入稀硫酸溶液中浸泡15～20分钟，去除杂质。

（2）水洗。取出用清水洗净（见图4-120）。

（3）白萝卜保护。将新鲜的白萝卜磨成泥状，摩擦整个胸针。白萝卜泥有两个作用：

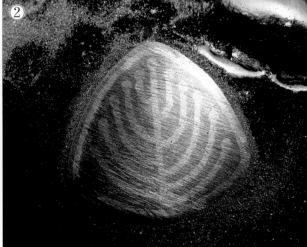

一是去油，二是保护铜和银表面不被氧化（见图4-121、图4-122）。

（4）试剂洗涤。将作品带着萝卜泥放在铜质的网上，一同放入加热的无水硫酸铜溶液中，煮10～15分钟。在此过程中，要上下提动铜网，但不能拉出水面。煮好后铜的颜色变红，且非常均匀（见图4-123）。

（5）水洗后擦干。

作品展示（见图4-124）。

① 图4-116　粗错后效果
② 图4-117　细错后效果
③ 图4-118　背钉焊接完成图
④ 图4-119　炭粉打磨
⑤ 图4-120　水洗
⑥ 图4-121　白萝卜泥制作
⑦ 图4-122　白萝卜泥
⑧ 图4-123　试剂洗涤

图 4-124　满芊何作品展示图

金银错在我国的历史相当悠久，先组织同学们赏析优秀的金银错作品，结合作品老师分析讲解金银错的具体种类，然后请同学们设计和制作金银错工艺的作品，最后由同学和老师共同讲评。看似简单的工艺，要有很强的动手能力，因此，金银错的实际操作水平是完成作品的关键。

思考题

如果大型的器皿表面要实施金银错工艺该如何操作？事先要做哪些特殊的准备？如何能使点与线结合得更加流畅自然？金银错的胎体与错入的金属之间存在怎样的关系？请大家在实践中总结。

举一反三

金银错涉及的材料多种多样，请同学们根据原理，了解和掌握金镶玉和漆工艺中的金银平托；也可尝试用金、K金、赤铜、紫铜、黄铜等不同材质进行实践。

小贴士

错丝后的作品，一定要保持表面清洁，尤其注意不能沾到油，如有杂质，经过硫酸铜溶液洗涤后，表面会留有痕迹，需要重新清洗后，再煮一次。

五、牦牛錾

（一）牦牛錾的概念

牦牛錾，也称牦牛纹錾刻、布纹錾刻，最早应用于器物和马具的装饰。目前在内地鲜有制作，在西藏地区还保留着一些牦牛纹錾刻的器物。牦牛錾的制作工艺是先将铁表面錾刻成细密的肌理，然后经过冷加工，利用金属的纹理把金片或银片与铁结合在一起。

在现代文明的浪潮中，牦牛錾是一种相当少见的工艺。严格来讲，牦牛錾属于金银错工艺的延伸，二者都使用两种或者两种以上的材料，进行冷加工相结合的一种工艺形式。同时，牦牛錾又与錾刻工艺紧密关联，底胎上的肌理要通过錾刻来实现。目前此工艺在国内鲜有人知。因此，笔者将工艺流程进行了整理和记录，希望更多的人了解并喜爱。

（二）牦牛錾的工艺流程

以牦牛錾刻胸针为例详细解析牦牛錾工艺流程。

1. 准备工作

（1）材料：

铁片，厚度：1毫米、1.2毫米、1.5毫米、1.6毫米、2毫米，本案例使用1.6毫米厚的铁片。

99银片，厚度：0.03毫米、0.04毫米、0.05毫米、0.06毫米，其中标准尺寸为0.03毫米。92.5银片和银背针。

（2）工具：錾刻用胶、钢錾、木錾。

（3）溶液：10%盐酸溶液。

（4）木屑、棉布、牙签、棉棒。

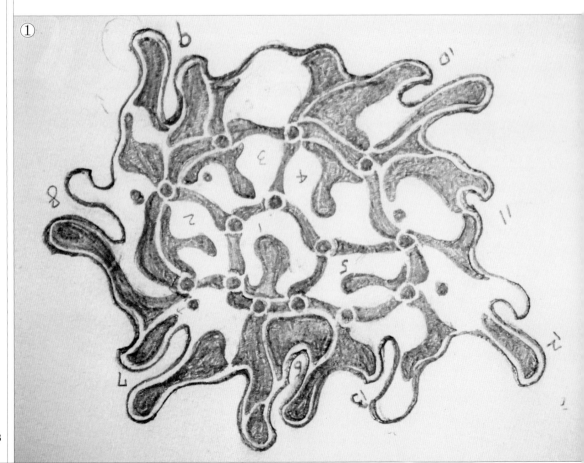
①

2．工艺流程

第一步：设计图纸

关注微观状态，探讨生命的状态。根据细胞生长和分裂的形式，设计一系列胸针作品（见图 4-125）。

第二步 下料

（1）将平面的设计图纸剪下，拓印在铁片表面，根据拓印纹样，用锯弓将铁片锯下（见图 4-126）。

（2）从正反两面敲击铁片，使其延展成具有立体感的曲面。

（3）用锉和砂纸将侧边打磨平滑。

（4）放入盐酸溶液里浸泡 15 ～ 30 分钟，洗净表面（见图 4-127）。

第三步：上胶

如同錾刻工艺，将铁片固定在胶板上（见图 4-128）。

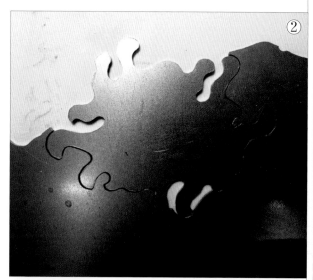

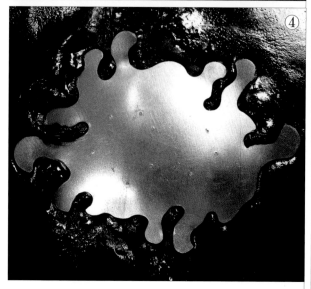

① 图 4-125　设计图纸
② 图 4-126　下料
③ 图 4-127　酸洗
④ 图 4-128　上胶

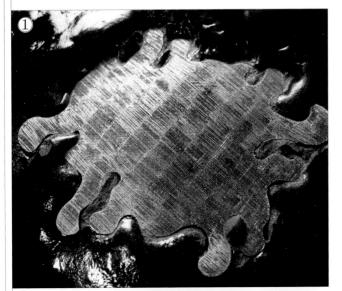

第四步　錾刻"米"字纹

用锋利的直口錾子在铁片表面錾刻类似布纹一样的肌理。

（1）横纹：用直口錾子细密地排列横纹，布满整个铁片（见图4-129）。

（2）竖纹：与之前錾刻的横纹呈90°，錾满整个铁片。

（3）斜纹：与横纹和竖纹呈45°，錾满整个铁片（见图4-130）。

横纹、竖纹和斜纹完成后铁片表面的纹理为"米"字形。

第五步：剪银片

（1）将0.03毫米厚的银片根据图纸剪成小片（见图4-131）。由于银片很碎小，容易丢失，所以标上号码，用透明胶粘好（见图4-132）。

（2）用温火给小银片分别退火（见图4-133）。

① 图4-129　錾刻横纹
② 图4-130　錾刻米字纹
③ 图4-131　剪银片
④ 图4-132　标上号码，用透明胶粘好银片
⑤ 图4-133　银片退火

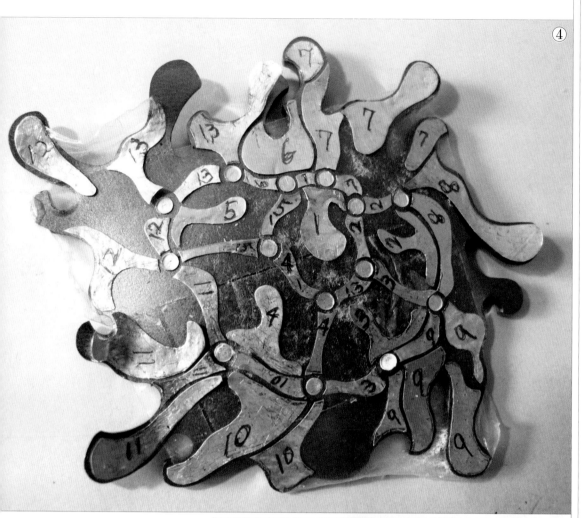

④

⑤

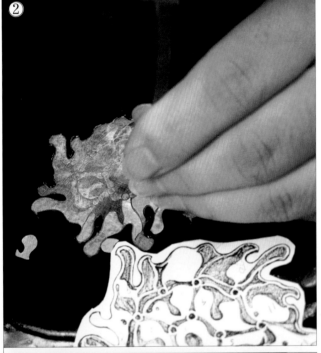

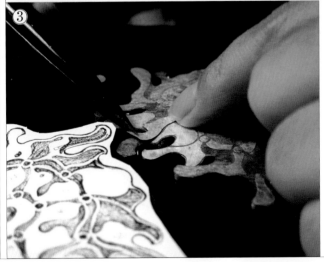

第六步：錾刻

根据设计图将退过火的银片放置在铁片的相应位置上，再用竹錾子或者木头錾子轻轻敲击，使银片平整地固定在铁表面。最后用紫铜錾子敲击，使银和铁表面的"米"字纹肌理紧密结合。敲击力度不易过大，以免银片延展脱落（见图4-134～图4-136）。

第七步：清洗

将胸针放入浓度10%左右的盐酸溶液浸泡，去除紫铜錾子表面留下的杂质和油。浸泡10～20分钟后用木筷子取出，放入玻璃或者塑料容器中洗涤（见图4-137）。

第八步 上锈液

（1）用毛笔蘸着锈液，均匀涂抹在作品表面，24小时之内涂抹2～3次。

涂过锈液的作品表面会逐渐生铁锈，要放置在小木块上，下面盛水，以免锈液腐蚀家具（见图4-138）。也可以在旁边适当用电暖气加热，加快反应速度。完成的作品要没有水分。

① 图 4-134　牦牛錾錾刻过程（一）
② 图 4-135　牦牛錾錾刻过程（二）
③ 图 4-136　牦牛錾錾刻过程（三）
④ 图 4-137　清洗
⑤ 图 4-138　上锈液

（2）用牙签和棉棒去除覆盖在银片表面的铁锈，保留铁表面的锈斑。

第九步：表面处理

（1）用小毛板刷蘸用油，涂抹于作品的正反面和侧面。放在不锈钢网上面，温火加热，慢慢吹干油分，随着油分进入铁锈里面，铁会变黑。加热时火要均匀，如果油分不够可以多次涂抹。

（2）等油分未全部干透时用筷子夹起，放入事先准备好的细木屑里面，戴棉手套，趁热擦去表面多余油分，在此时去除银片表面的铁锈（见图4-139）。

（3）用细砂纸、磨石、牙签、棉棒（见图4-140）等工具细加工银片，用钢轧或者玛瑙笔把银表面压光。

第十步：胸针制作

由于铁的焊接很难，因此采用铆接的方式。

（1）根据底片形状制作相应的银底托。此处为95银料。

（2）在底托两边焊接胸针配件。

（3）在底托两侧和錾好银片的铁板上，对应位置分别打孔（见图4-141）。进行铆接，最后安装背针（见图4-142）。

作品展示（见图4-143～图4-145）。

① 图4-139　表面处理的材料细木屑和手套
② 图4-140　细加工银片
③ 图4-141　钻孔
④ 图4-142　安装背针

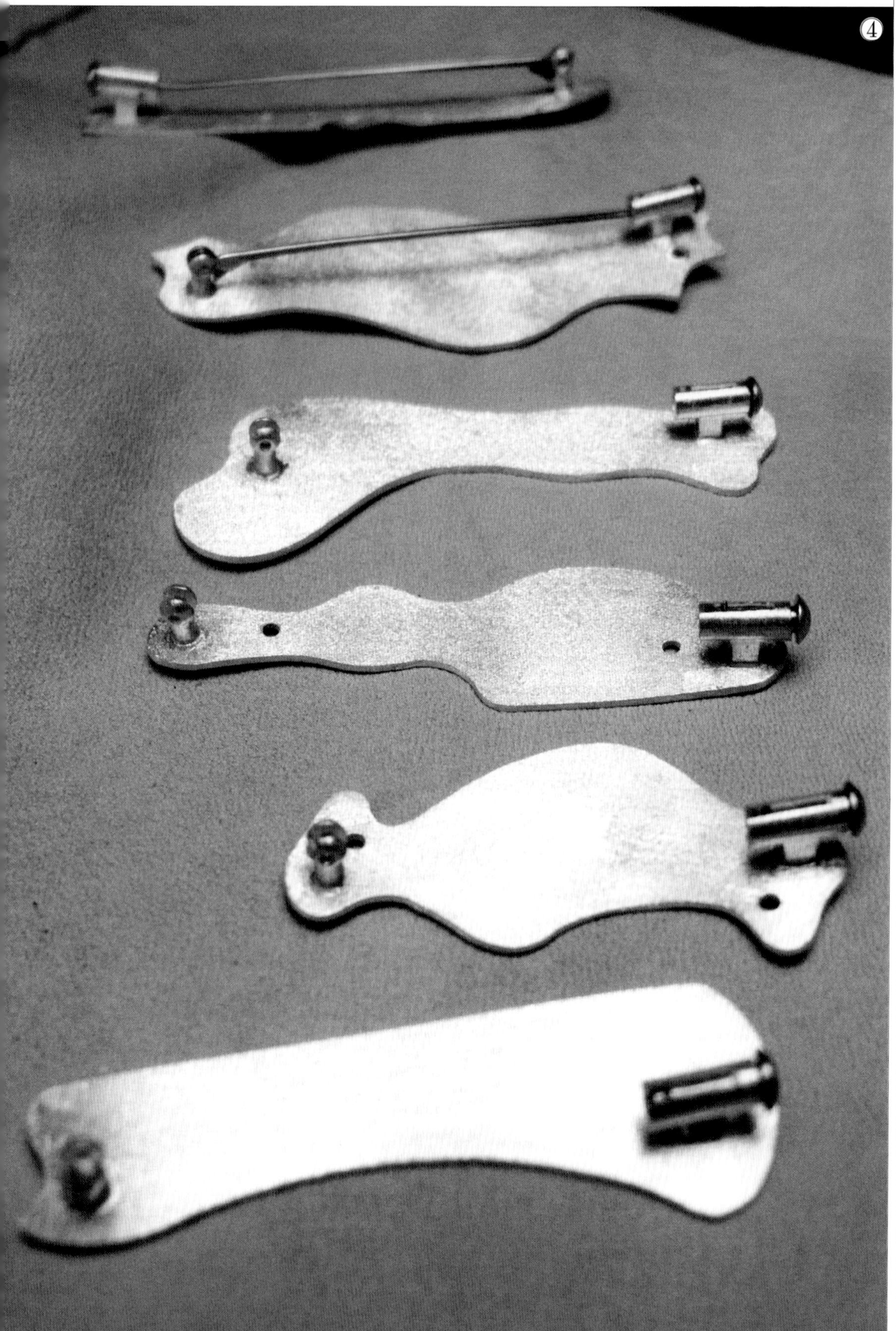

图 4-143　满芊何《生长》系列作品

获得第九届中国黄金首饰设计大赛镶嵌系列三等奖。

①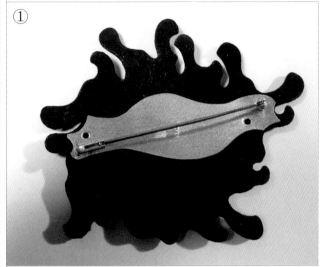

① 图 4-144　作品背面
② 图 4-145　作品正面

②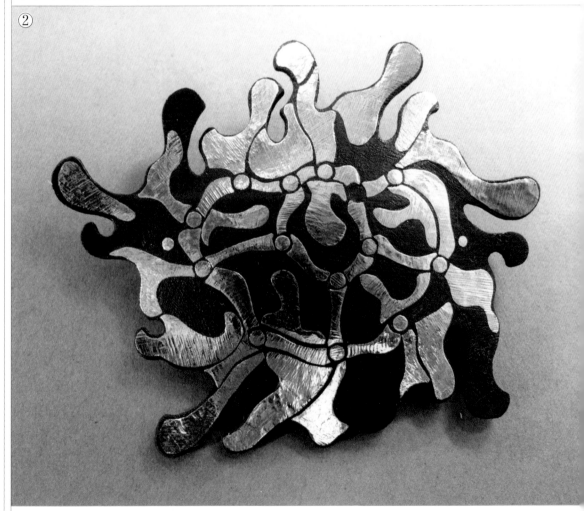

牦牛錾是一门优秀的中华传统手工艺，可以尝试应用此种工艺，设计制作不同风格的首饰和摆件。

为什么有的银片经过反复加工，也很难与铁结合？为什么胸针有的部分没有变黑，或者是颜色不均匀？请大家在实践中总结。

牦牛錾所涉及的材料不只是铁和银，同学们在掌握牦牛錾工艺的基础上，可尝试用金、K金、紫铜、黄铜等不同材质进行尝试，更好地使传统工艺与现代材料结合，体现现代审美意识。

在加工的每一步骤中都要注意去油。我们买来的铁片在加工过程中会用油润滑，运输保管时会用油封存，錾刻用的胶里面也有油分。因此我们拿到手的铁片经过裁切之后一定要去油，否则錾刻的纹理内部存有油分，不易与银片结合。

第五章
传统首饰工艺的创作

一、錾刻首饰创作实例

——银杏叶吊坠

（一）设计构思

设计灵感来源于秋天的银杏叶。秋天的北京，金黄的银杏树映衬在清远的蓝天下，显得格外耀眼。一阵微风吹过，将一片片叶子送入你我眼帘。银杏叶叶脉清晰，造型简洁而富于张力，经过了秋日的寒霜，其叶面不再平展，而是多了几分婀娜。

作者以银杏叶为主题，运用传统的錾刻手法，淋漓尽致地表现出银杏叶的质感，同时结合宝石镶嵌工艺，丰富了吊坠的色彩。

（二）材料与工具

银片、胶垫，各种型号的錾子、锤子、剪刀、焊药、皮老虎、铜刷等。

（三）錾刻流程

第一步：设计图纸

研讨多片银杏叶的组合形式。（见图5-1）。

第二步：制作银杏叶

（1）准备银片：银杏叶要求正面錾刻纹理，背面呈现光滑曲面，形成正反对比效果，因此，选用1.5毫米厚的银片。

（2）拓印：采用点针錾刻（见图5-2），将图形拓印在银片上，錾刻方法如前文所述。

（3）裁切：用锯弓按照外轮廓锯下。

（4）造型：用木錾子、钢錾子和钳子等工具，弯曲叶子，使其造型更加生动。

（5）上胶：步骤如前文所述。

（6）錾刻：完全用走线的錾子，按照银杏叶生长的纹理錾刻，要求线条均匀，角度一致，操作起来非常有难度（见图5-3、图5-4）。

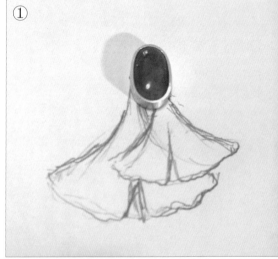

① 图 5-1　设计图纸

② 图 5-2　拓印

③ 图 5-3　錾刻（一）

④ 图 5-4　錾刻（二）

（7）加热将银杏叶从胶板上取下。

依照上述工序制作三枚银杏叶。

第三步　制作宝石镶口

镶口也称为石碗，是用来镶嵌宝石的底托。这里采用包镶手法。现代工艺很多采用雕蜡铸造镶口。本作品中所展示的是传统起版方式，即根据宝石的底面大小，用银片包裹四周，焊接呈环状，然后在环内壁做同样弧度的银环，用以托起宝石。两环之间的高度差要刚好包住宝石的最大外沿（见图5-5～图5-7）。

第四步：制作瓜子扣

瓜子扣是用来连接项链的吊环，一般上边宽下边窄，因其形似瓜子而得名。老师傅制作瓜子扣的同时，还在其背面打上个人的款识。除此之外还要制作一个小圆环，连接瓜子扣和宝石镶口（见图5-8）。

第五步　组装

（1）先将三片银杏叶按照图纸的位置摆放好，在叶根部放置焊药，一次性焊接三片银杏叶和镶口（见图5-9）。

（2）在镶口顶端焊接小圆环。

（3）将瓜子扣穿过小圆环，底端用低温焊药焊接在一起（见图5-10）。

第六步：镶石

将镶口固定在胶或者火漆上（这里采用胶），放入宝石，先从上下左右四个方向固定宝石，然后在每个固定点中间向内挤下，分步骤进行镶嵌，直到镶口边与宝石完全贴合。用错整理镶口，使其平整，再用砂纸打磨光滑，最后加热出胶（见图5-11）。

第七步：表面处理

银杏叶吊坠的肌理丰富，叶脉清晰。为了保持这些特殊的美感，不用大型抛光机，而是用玛瑙笔或者钢轧，将每一枚叶子两侧的宽线条、镶口和瓜子扣压光，其余部分保持原样（见图5-12）。

作品展示（见图5-13）。

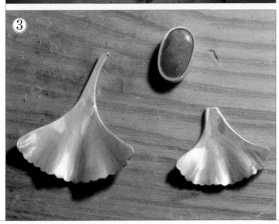

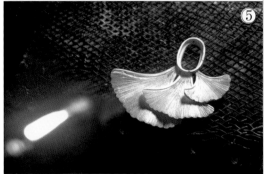

① 图 5-5　制作镶口（一）

② 图 5-6　制作镶口（二）

③ 图 5-7　准备组合

④ 图 5-8　带款识的瓜子扣

⑤ 图 5-9　焊接银杏叶和镶口

⑥ 图 5-10　准备焊接瓜子扣

⑦ 图 5-11　镶嵌宝石

⑧ 图 5-12　表面处理完成

图 5-13 马金良师傅作品展示图

相关活动

赏析中外传统錾刻作品，了解相关工艺流程，结合具体作品体验平錾、阴錾、阳錾等技法。

思考题

如何选择软硬程度合适的胶垫？在錾刻工作中怎样保持线条的流畅？请同学们在实践中总结。

举一反三

请同学们尝试学习不同材质浮雕表现手法，如木刻、泥塑、皮雕等工艺，并将不同材质的工艺品进行对比，或展示之间的和谐，或展示其中的反差，总结材料特性与工艺之间的关系，探索新的组合方式与创意设计。

小贴士

对于已经錾刻出浮雕效果的作品，更换胶垫时，要注意先在隆起空间的下方填入少许胶，再粘到胶垫上，以免其内有空气。

二、花丝首饰创作实例

——蝶恋花胸针

（一）设计构思

蝶恋花胸针构思源于传统纹样，作者对蝴蝶的形态进行了重新设计，改变了原有的对称形式，将蝴蝶双翅集中展现在一侧，使蝴蝶"飞翔"的姿态更加自然流畅，翅膀的线条更具有力度。（见图5-14）。

需要注意的是，画作品草稿时要将翅膀部分的花丝填充纹样也画出来。

（二）材料与工具

（1）原料：99纯银（银丝、银片）。纯银质地软，延展性好，耐高温，易于加工，符合花丝工艺的特点，是花丝工艺理想的加工材料。

（2）焊接工具：焊药、石棉板、皮老虎。

（3）制作工具：镊子、剪刀等。

（三）蝴蝶身体部分制作

第一步：外轮廓掐丝

取0.8毫米粗的花丝，依图稿用镊子将花丝掐成蝴蝶身体的外轮廓形（见图5-15）。

第二步：准备焊粉

将焊粉（即红药）溶入适量的水中，加入少量焊剂，调匀备用（见图5-16）。

（注：焊粉有利于在温度比较低的情况下熔化，使银丝之间均匀无痕地熔接起来。）

第三步：放焊药

将掐好外轮廓的花丝置于0.3毫米厚的银片上，用镊子取少许焊药放于焊点上（见图5-17、图5-18）。

第四步：焊花丝

将花丝焊在银片上。焊的过程中需注意火候的控制，不可用火长时间只对准一个位置焊。待焊粉如水银般流动时，就可以将火移开。

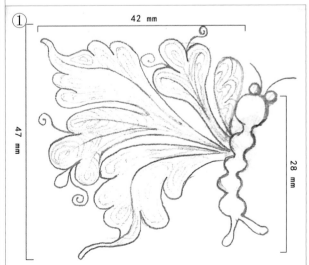

① 42 mm 47 mm 28 mm

②

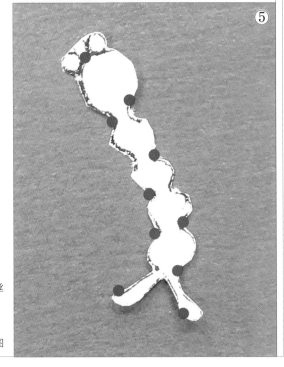

① 图 5-14　设计图稿

② 图 5-15　外轮廓掐丝

③ 图 5-16　准备焊粉

④ 图 5-17　放焊药

⑤ 图 5-18　焊点示意图

第五步：浸泡、去杂质

将焊好的银片用镊子夹到一旁，待其自然降温后，放入稀硫酸水中浸泡 10 ～ 20 分钟，去除焊点周围的杂质。

第六步：清洗

用镊子将银片从稀硫酸中取出，并冲洗干净。

第七步：剪下蝴蝶身体部分

将蝴蝶身体部分依外轮廓从银片上剪下（见图 5-19）。

第八步：打磨

将剪下的蝴蝶身体边缘用砂纸打磨光滑。（见图 5-20）。

第九步：敲击

挑选一个大小适合的圆头錾子，从蝴蝶身体反面敲出凸起，使蝴蝶更加有立体感，栩栩如生。

（四）蝴蝶翅膀骨架制作

第一步：压丝

取适量银丝，将银丝用压片机压扁，制作成素扁丝（见图 5-21）。

使用压片机的过程中，需要注意两点：

（1）适度调节压片机两个轮子的间距，如把握不准，间距可稍大一些试压一次，切忌一次性压得力度过大，使银丝过扁，不宜使用。

（2）压丝过程中需两人配合，一人向压片机里递送银丝，一人在另一端接住银丝。送丝时要使丝与滚轴垂直，接丝时要迅速将丝卷起来收好。

第二步：准备花丝

准备直径为 0.3 毫米的花丝，压丝流程同上，备用。

第三步：素丝退火

将素丝进行退火，并自然降温，便于以后的使用。

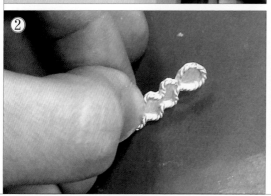

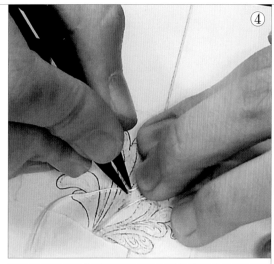

第四步：掐丝

将素丝依图稿用镊子掐成翅膀外形（见图 5-22），翅膀由四个部分组成。因花丝的焊接难度大，所以掐出的形状应尽量围合成型，减少断点形状，应尽可能与原稿一致（此后的填丝也可能会影响骨架形状）。掐丝过程需要手与镊子配合好。一手将素丝按在图稿上，一手用镊子一点点地掐出形。丝要尽量贴合原稿线条，此过程需要细心和耐心。完成的翅膀骨架线条要流畅有力，才能准确表达蝴蝶轻盈飞翔的状态（见图 5-23）。

（五）翅膀骨架焊接

第一步：焊接胸针底托

首先将蝴蝶身体部分的反面焊接上胸针的底托（方法步骤同上文"蝴蝶身体制作"中的焊接）。

第二步：浸泡清洗

待焊接好的蝴蝶身体部分降温，放入稀硫酸浸泡 10 分钟后，清水洗干净。

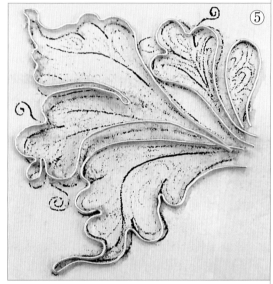

① 图 5-19　剪下蝴蝶身体部分
② 图 5-20　打磨
③ 图 5-21　压丝
④ 图 5-22　掐丝成翅膀骨架
⑤ 图 5-23　掐丝完成的翅膀骨架

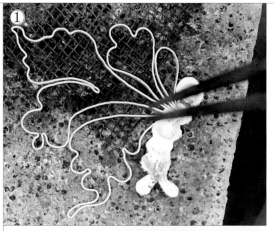

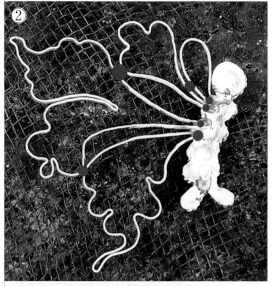

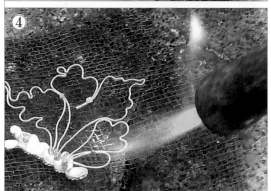

第三步：贴合

将蝴蝶身体部分反面放在焊板上，再用镊子将掐好的蝴蝶翅膀骨架按照原稿要求依次对应摆在相应位置上。此时注意翅膀骨架与蝴蝶身体的接点应尽量贴合，便于下面的焊接工作。由于蝴蝶身体部分要比翅膀骨架厚一些，因此需要用丝网辅助垫高翅膀骨架部分（见图5-24），使二者在同一平面上，才能够尽量贴合。

第四步：放焊药

将焊药用镊子放在焊点上（见图5-25、图5-26）。焊药多少要适中（1.5mm见方），焊药过多会导致焊点处在焊接完毕后有较明显的堆积，不美观，过少无法焊牢。由于首饰小巧，放焊药的过程需轻、慢、准，需要耐心和细心。

第五步：焊接骨架

焊接骨架仍是难点，焊接过程中需注意火候的控制（见图5-27），如果用火长时间只对准一个位置焊，容易将素丝熔化，焊接需要技术和经验的积累。

第六步：浸泡清洗

待焊接好的蝴蝶降温，放入稀硫酸浸泡10分钟，然后用清水洗干净。

第七步：整理

用镊子再次将蝴蝶翅膀、骨架部分的线条进行整理，使线条流畅，形态符合原稿要求（见图5-28）。

① 图5-24　丝网辅助
② 图5-25　焊点示意图
③ 图5-26　放焊药
④ 图5-27　焊接骨架
⑤ 图5-28　整理翅膀骨架线条

⑤

（六）蝴蝶翅膀的掐丝与填丝

第一步：退火降温

将较细的花丝进行退火并自然降温。

第二步：掐丝

按原稿要求分别掐出每一个翅膀需要填丝部分的形状（见图5-29～图5-31）。此部分的掐丝是相当重要的一步，也是难点之一，需要技术和经验的积累，耗时最长。掐丝的工具是镊子，需要手和镊子完美配合。

正确的操作方法如下：

（1）掐丝的正确方法是：先按原稿要求掐出需要的外形，再一步步从外向里进行盘丝。注意掐丝要连续，没掐完此部分不能将花丝剪断，否则此部分的填丝容易分散脱落。但此方法仍较难保证掐完后形状与原稿一致，因为掐丝要紧密充实，而花丝质软，向里掐丝的过程难以控制外形不受影响。

（2）还可按照由里到外的方法进行掐丝，掐出大概形状后，再用镊子不断调整外形，最终符合原稿的形状。此方法的小窍门是：本次制作的作品所需的形状大多细长，因此在掐大概形状时，花丝不需太紧密充实，稍微松一些为好，在后期用镊子调整形状时更容易，而且因形状细长，最终完成时花丝仍会呈现出紧密充实的状态。

以上两种方法在实践过程中都常常要返工，不同的方法适合不同的制作需要，只有大量的实践基础、丰富的经验，才能达到技术上的成熟。

第三步：填丝

将掐好的小块丝按照原稿依次填充到翅膀骨架中（见图5-32、图5-33）。注意最后的效果要花丝紧密充实、不能脱落。

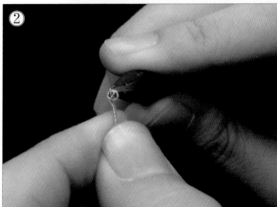

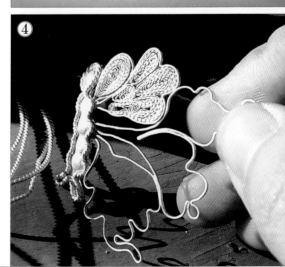

第五章　传统首饰工艺的创作

填丝过程中难以避免的问题是:

(1)填丝过程破坏原来骨架的形状。

(2)填丝完成后翅膀内小块花丝之间有缝隙,不够充实。那么,在填丝过程中,尽量调整小块花丝的外形使其不影响骨架结构;小块花丝之间的空隙,也尽量通过调整小块花丝的外形来进行填充,避免制作新的更小块的花丝去填充,否则会为此后的焊接工作造成更大的困难。

第四步:准备焊接

完成全部翅膀的掐丝和填丝工作后,就可以开始焊接了。

(七)蝴蝶翅膀填丝部分的焊接

第一步:涂硼砂

将蝴蝶翅膀放到焊板上,因焊点过多,所以将填丝部分全部涂上一层硼砂(见图5-34)。(注:因蝴蝶翅膀中间的面积较大,难以统一支撑小块花丝,所以先焊接下的翅膀,最后再焊接大翅膀。)

第二步:焊接

此焊接环节是最难的一步,虽步骤简单,但技术含量较高。火力太小焊药不熔化;火力太大就会把前面的焊口吹开,或者出现焊药损坏花丝的肌理。如果受热不均匀,会导致焊药只向热量高的地方流去;如果火力过冲,花丝就会直接熔化,所以需要熟练的焊接技术。

在焊接过程中,左手持焊枪,右手用长镊子随时准备调整作品,促进焊药流动。重复此动作,直至完成全部焊点焊接工作(见图5-35、图5-36)。

第三步:焊接完成

待整只蝴蝶降温后放入稀硫酸中浸泡,清洗干净。

第四步：修整外形

用镊子将蝴蝶的骨架、外形进行最后的修整，使之线条流畅，形态优美。

（八）蝴蝶背针的制作

第一步：制银针

剪取一小段适当粗细的银丝，用镊子将其一端弯折成小圆圈（见图5-37），再将小圆圈部分焊牢，制成银针。

第二步：安装银针

将小圆圈部分放到背针右端。再剪取一小段适当长度和粗细的银丝，将其穿过背针右端的小孔和小圆圈（见图5-38），作为背针转动的轴心，并用小锤子不断敲打银丝两端（见图5-39），使之两端延展，形成一个小的平面，固定住背针。

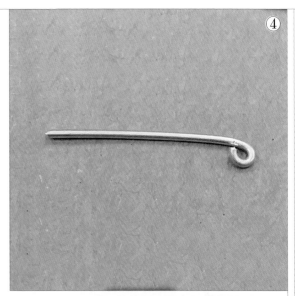

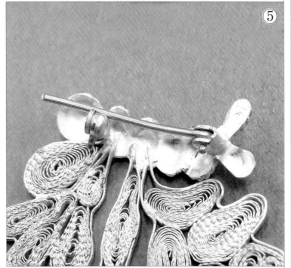

① 图5-34　涂硼砂
② 图5-35　填丝部分焊接过程（一）
③ 图5-36　填丝部分焊接过程（二）
④ 图5-37　制作银针
⑤ 图5-38　安装银针
⑥ 图5-39　制作银针轴心

第三步：打磨银针

用锉和砂纸将银针另一端进行打磨（见图5-40），使之正好塞入背针右端的豁口里。

第四步：抛光银针

用钢轧将银针抛光（见图5-41）。背针制作完成（见图5-42）。

（九）蝴蝶眼睛的制作

第一步：制作小银球

取两小块儿银丝，用火分别烧银丝末端，燃烧过程中银料会自然聚成小银球（见图5-43～5-45）。

第二步：准备焊接，摆放眼睛

待小银球自然降温后，用镊子将小银球摆放在蝴蝶头部眼睛的位置，并放置焊药，准备焊接。为了方便焊接，可将蝴蝶身体部分做个支撑，使两个眼睛能够紧贴蝴蝶头部（见图5-46）。

第三步：焊接眼睛

焊接过程同上文蝴蝶翅膀骨架焊接步骤。

（十）蝴蝶触须的制作

第一步：缠绕银丝制作触须

取两段直径0.2毫米银丝，将其中一段银丝紧密缠绕在另一段银丝上。为了缠绕得更加紧密，可用"搓麻花"的方式（见图5-47）。相同方法制作第二根触须(图5-48)。

第二步：烧触须

将触须插在不锈钢网上，用火烧触须的末端，使之形成小球状（见图5-49），这样做一来可以固定缠绕的银丝，二来可以使触须看起来更加生动（注：由于银丝细小，燃烧非常快，要时刻注意控制火候，不易过大）。

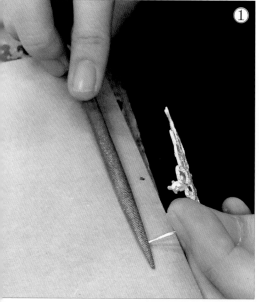

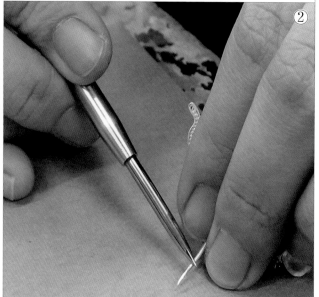

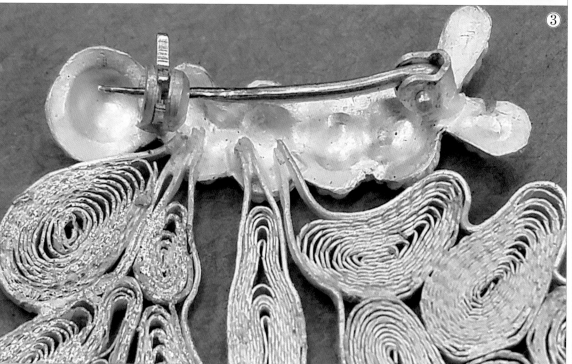

① 图 5-40　打磨银针

② 图 5-41　抛光银针

③ 图 5-42　背针展示

第五章　传统首饰工艺的创作

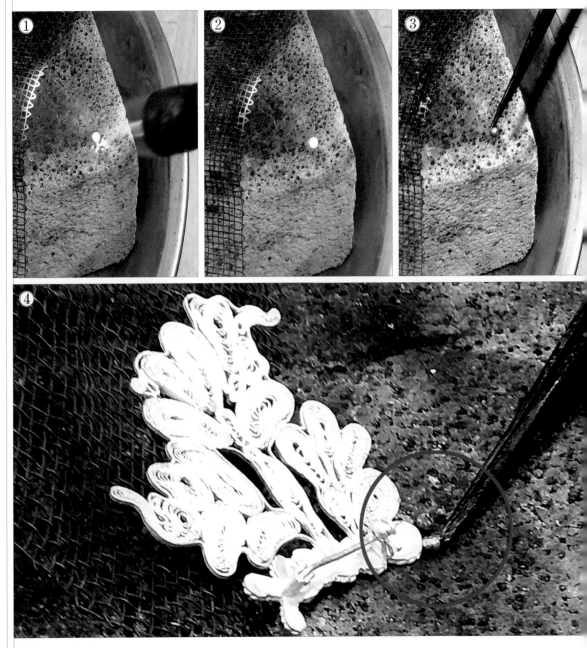

① 图 5-43　制作小银球（一）

② 图 5-44　制作小银球（二）

③ 图 5-45　制作小银球（三）

④ 图 5-46　准备焊接，摆放眼睛

⑤ 图 5-47　缠绕银丝

⑥ 图 5-48　触须制作完成

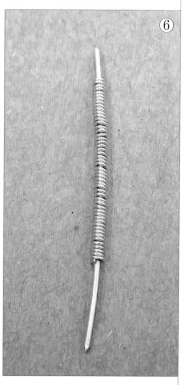

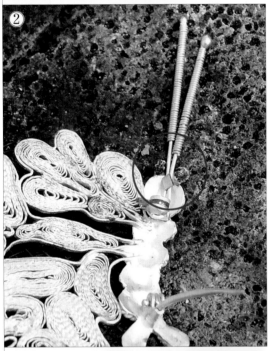

第三步：摆放触须，准备焊接

待触须自然降温后，用镊子摆放好位置使之与蝴蝶头部贴合，并放置焊药，准备焊接。同时要将蝴蝶身体部分支撑起来，使两根触须紧贴蝴蝶头部（见图5-50）。

第四步：焊接触须

焊接过程与上文蝴蝶翅膀骨架焊接步骤相同（见图5-51），至此蝴蝶所有部分制作完成。

（十一）蝴蝶的清洗

第一步：浸泡

用镊子将整只蝴蝶放入稀硫酸中浸泡10 ~ 20分钟，去除焊接留下的杂质（见图5-52）。

第二步：清洗

将蝴蝶取出并用清水冲洗。用铜刷仔细刷洗蝴蝶上的杂质。

第三步：打磨

用砂纸将细微杂质部分进行打磨。

第四步：再次清洗

再次用清水与铜刷清洗蝴蝶，使之光洁。

第五步：制作完成

调整蝴蝶触须的弧度和翅膀的角度，使之生动活泼。花丝蝴蝶胸针制作完成（见图5-53、图5-54）。

作品展示

将制作完成的花丝蝴蝶胸针与传统工艺品结合进行展示，背景衬以梅花刺绣，取"蝶恋花"之意。"蝶恋花"一词出自南梁简文帝诗句"翻阶峡蝶恋花情"。张爱玲的好友炎樱说"每一只蝴蝶都是一朵花的精魂，回来寻找前生的自己"。蝶恋花，花依蝶，是一种与生俱来的爱恋（见图5-55）。

④

① 图 5-49　烧触须的一端

② 图 5-50　触须的摆放，准备焊接

③ 图 5-51　焊接触须

④ 图 5-52　在稀硫酸中浸泡

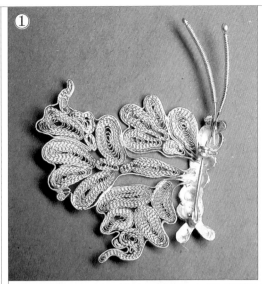

① 图 5-53　花丝蝴蝶胸针背面

② 图 5-54　花丝蝴蝶胸针正面

③ 图 5-55　宋晓青蝶恋花胸针作品展示图

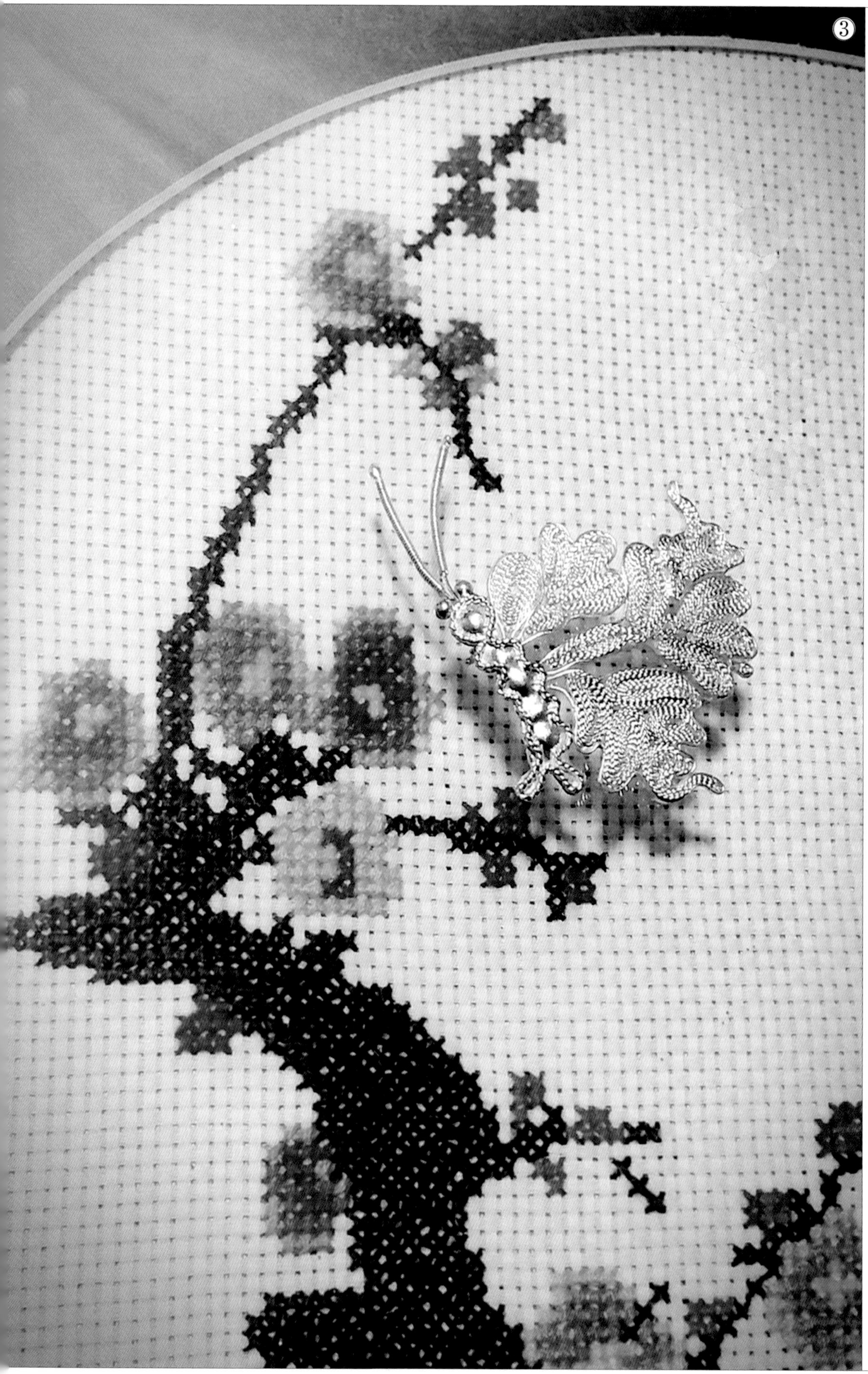

相关活动

花丝工艺有着多种编制方法，其变换和组合的方式极为丰富，富有无穷的乐趣，尝试着探索创新出一种属于自己的编制方法，制作独一无二的首饰。

思考题

制作花丝中"搓麻花"的技巧是什么？如何熟练掌握填丝的规律？请同学们在实践中总结。

举一反三

尝试在此基础上制作粗细不等、纹理不同的多种花丝，并利用课余时间通过编制手链、项链等首饰练习编制技巧，也可以尝试探索非常规形状的填丝方法。

小贴士

花丝焊接工序是工艺中的重点和难点，既要胆大又要心细，关键在于火候的掌握。

三、珐琅首饰创作实例

——荷花吊坠

（一）设计构思

"和，相应也。合，合口也。"（《说文解字》）。

在中国，"合"与"和"，是个深刻的概念，和，指和谐、和平、祥和；合，指结合、融合、合作。

在中国，荷花的荷与和、合同音，人们经常以荷花（即莲花）作为和平、和谐、合作、合力、团结、联合的象征；以荷花的高洁象征人品高贵和清净。因此，从某种意义上说，赏荷也是对中华"和文化"的一种践行。

中国传统观念中，绿色并不是主流，但绿色象征青春、希望、和平和充满活力，符合荷花的自然生长环境。荷花吊坠在颜色搭配上使用绿色系，力求表现荷花的清净、高洁。

（二）绘制草图

设计之初考虑到吊坠与胸针的大小比例和佩戴者的协调关系，设定本作品吊坠的尺寸为 38 毫米 ×32 毫米，并严格按照尺寸设计图纸纹样。首先设计的是作品《合》的图纸，以真实荷花与传统纹样中荷花形象为原型，同时结合吊坠形状，将一朵含苞待放的荷花置于黄金分割点的位置，四周围绕荷叶；整体背景则设计大面积的黄色与蓝色，蓝色代表水，在实际制作中又在左下角再填一朵荷花，相互呼应（见图5-56）。

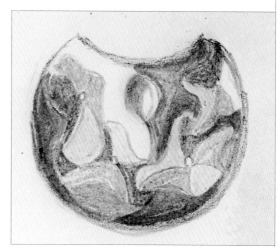

图 5-56　设计原稿

（三）珐琅制作流程

1. 准备材料和工具

（1）基本材料：银片、银丝、花丝、焊药、白芨、进口珐琅釉料、色板、CMC 溶液。

（2）工具：笔、剪刀、复写纸、镊子、焊接工具、烧杯、稀硫酸溶液、竹签、调色盒、金属架、手套、长钳、平台、窑炉。

2. 制作流程

第一步：制胎

（1）下料。此次珐琅首饰设计，采用银胎。用特殊肌理的锤子将银片表面敲上花纹。可使珐琅与胎之间更好地结合。将设计草图按压于银片上，用笔沿草图边缘画线。由于设计的是吊坠，其背面需要一个凸起挂扣，这就要同时在银片上画出一块 20 毫米 ×5 毫米的长方形银片。用剪刀分别剪下画好的吊坠（见图 5-57）与长方形银片。用镊子将剪下的长方形银片分成四段进行三次同向 90° 弯折，最终弯折成一个规则的长方形。

（2）焊接。按照草图的样式，将银片与制好的挂扣放在焊接台上，挂扣放在首饰银片背面上方中间部位，调整好挂扣的位置与方向，用镊子取出少量焊药放于挂扣衔接处，以及与银片相接的部位，准备就绪后进行焊接。焊接过程中应注意先让银片与挂扣均匀受热，然后再对准焊药位置进行充分加热。焊接时注意观察焊药颜色，焊药从铜黄色变成红色，再熔化流动，方可停止焊接（见图 5-58、图 5-59）。

（3）清洗。焊接完后，由于银胎表面有许多杂质与污渍，用镊子将银片放入盛有稀硫酸溶液的烧杯中浸泡 20 分钟。浸泡完毕后用镊子取出银胎放于清水中进行清洗，晾干，银胎的制作完成（见图 5-60）。

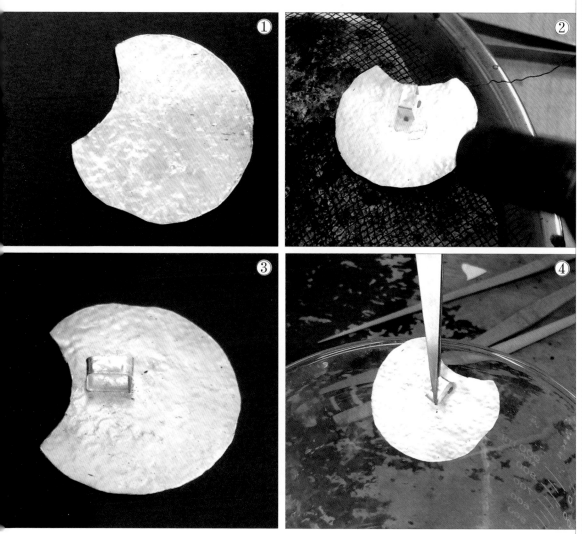

① 图 5-57　银胎取材
② 图 5-58　焊接挂扣
③ 图 5-59　焊接完成
④ 图 5-60　清洗银胎

（4）上底釉。上底釉是珐琅工艺的第一次层釉，正反两方面都要上底釉。其作用一是双面上釉后在烧制过程中银胎双面釉料同时收缩，银片受力均匀不易变形；二是在掐丝后再次烧制时银丝会因正面釉料熔化嵌入釉料中。

自制竹签取适量釉料（粉状）放入调色盒中，用喷壶加入适量CMC溶液。首饰背面选用银用半透明绿色，干净而纯粹。由于多采用透明釉料，所以底釉选择白色透明釉料会比较稳妥，不会对后期的色彩产生影响。用竹签取颜料，双面上色后，晾干（初次上釉，不宜过厚），上底釉结束（见图5-61、图5-62）。

（5）烧制。将上釉的银胎水平放在金属支架上，等炉温升至760°左右时，戴好防护手套，用长钳子夹住金属支架，将作品放入炉中（见图5-63）。

关好炉门，通过取景框进行观察，待釉料熔化后取出金属支架，观察釉料烧制情况

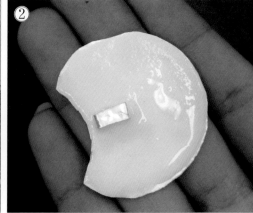

① 图 5-61　调制釉料
② 图 5-62　上底釉
③ 图 5-63　入炉烧制

（烧制不彻底可反复此步骤，因此釉料不宜过厚）。等完全冷却后取下作品，底釉烧制完成（见图 5-64、图 5-65）。烧制产生的瑕疵在下次烧制前进行修补。

底釉的烧制时间不易过长，待釉料熔化即可以取出。此时其表面经常会呈现高低不平的小麻点，专业上称之"橘皮现象"。橘皮表面有利于底釉与后面的釉料充分熔合，相互咬合，不易脱落。

第二步　掐丝

本次珐琅工艺，主要烧制掐丝珐琅，所以掐丝至关重要。用竹签取适量白芨撒入塑料盒中加适量水，使之黏稠，作为固定银丝的粘胶使用。设计中，希望突出荷花，所以荷花选用花丝，而荷叶选用素银丝，银丝宽度为 0.7 毫米（见图 5-66）。根据草图用镊子弯折成不同形状的银丝，使之与草图一致，弯折好的银丝蘸上白芨，放在银胎相应位置上，此步骤以此类推，最终完成全部掐丝过程（见图 5-67）。

等白芨全部干透，仿照制胎中的烧制步骤，将作品放在金属支架上，再次烧制，使银丝少部分嵌入釉料中。取出金属支架，等完全冷却后取下作品（见图 5-68）。

① 图 5-64　刚出窑的颜色
② 图 5-65　冷却后的颜色
③ 图 5-66　选择素银丝
④ 图 5-67　掐丝
⑤ 图 5-68　掐丝烧制完成

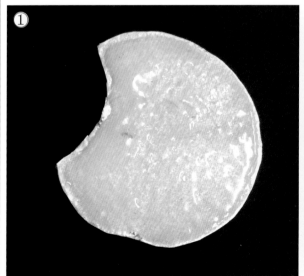

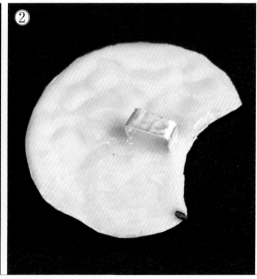

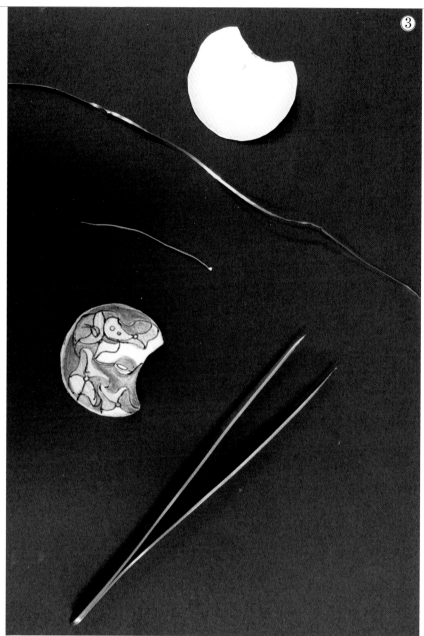

③

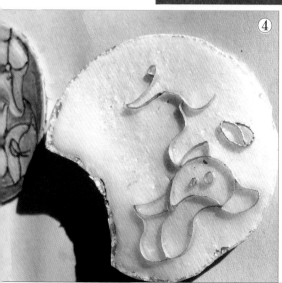

④

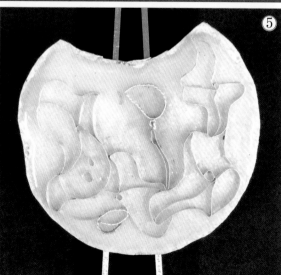

⑤

第三步 点釉

取出色板，对照草图，选取颜色，用竹签取适量釉料（粉状）放入调色盒中，用喷壶加入适量CMC溶液，调配颜色。釉料填入花丝分区的相应位置，逐步填满所有颜色，釉料要均匀，量要适中（见图5-69～图5-72）。最后等待釉料干透（见图5-73）。

第四步 烧釉

银胎上的釉料完全干后，仿照前两次烧制步骤，将作品水平放在金属支架上，再次烧制。冷却后取下银胎（见图5-74）。然后

重复点釉和烧釉两个步骤，直到釉料与银丝高度相等。

第五步 打磨

作品烧制完成后，用粗细不一的水磨石反复打磨银胎表面，使之平整光滑，这个过程需要经过多道由粗到细再到极细的工序才能完成。在打磨表面的过程中，力度要均匀，还需要运用不同粗细砂石和砂纸，完全由手工制作，直到表面达到如同镜面一般的光洁才算完成（见图5-75）。

作品展示（见图5-76）。

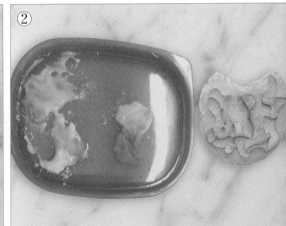

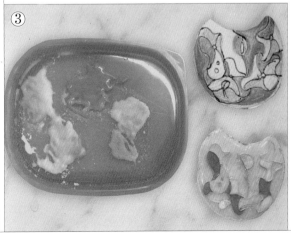

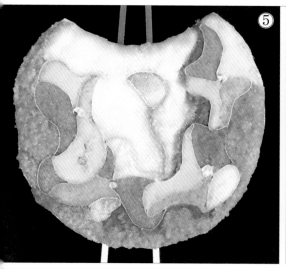

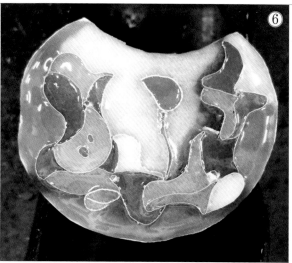

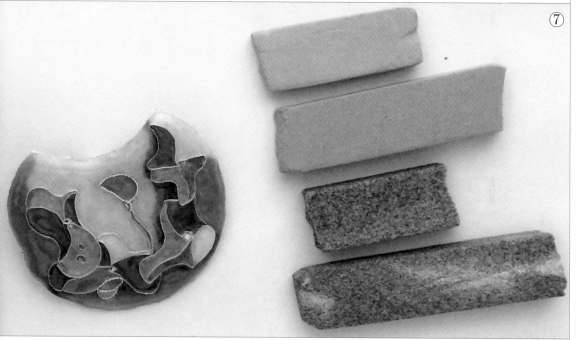

第五章　传统首饰工艺的创作

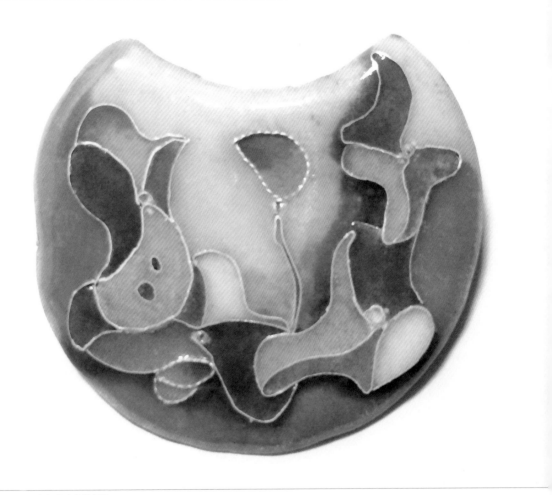

图 5-76　张瑛奇珐琅荷花吊坠

组织同学们学习中国珐琅工艺的发展历史，了解各个时期的风格特色、审美情趣，赏析古代经典的珐琅名器，并选择一个自己喜爱的古典图案进行临摹。

思考题

在入窑炉烧制过程中可能会出现一系列失败的迹象，例如花丝周围出现黑色斑点、花丝呈现金黄色、花丝倒塌等，请学生们在实践中总结出现此类现象的原因及解决方法。

举一反三

探索各种颜色釉料混合的可能性，包括分层混合烧制效果、釉料混合烧制效果，窑变效果等，逐渐熟悉珐琅的上釉技巧。

小贴士

底釉烧制后经常出现釉料脱落现象，这是银胎表面没有敲击足够的肌理，使釉料与银表面分离，另外釉料里面应该适当加入 CMC，增加黏性。烧制好的作品尽量保持正反釉的厚度一致，否则容易开裂。

附　录

附录一　錾刻作品赏析

附图 1-1 为马金良作品《金龙戏珠》，采用雕錾刻手法

附图 1-2 为马金良作品《松》，采用高浮雕錾刻手法，松叶错落有致，树干苍劲有力，表面使用银做旧处理，呈氧化黑色。

附图 1-3 为马金良作品《梅》，采用高浮雕錾刻手法，梅花疏密处理得当，层次分明，表面使用银做旧处理，呈氧化黑色。

① 附图 1-1　马金良作品《金龙戏珠》

② 附图 1-2　马金良作品《松》

③ 附图 1-3　马金良作品《梅》

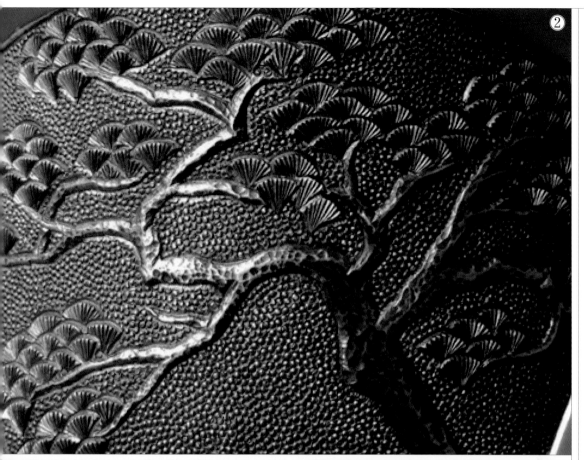

②

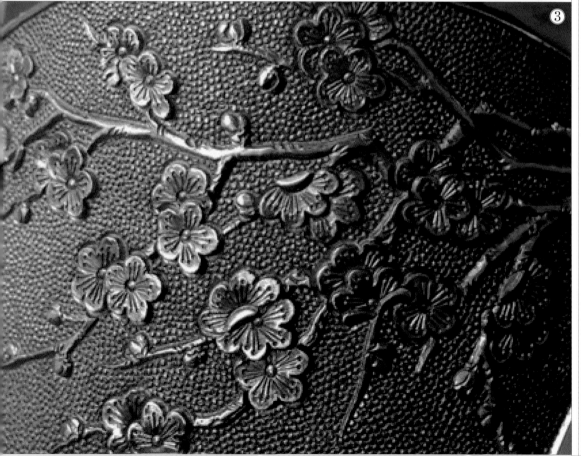

③

附图 1-4 为刘永贵作品《麒麟》麒麟是传说中的吉祥神兽，此物缝制在苗族女子的服饰上。

附图 1-5 为刘永贵作品《狮子舞绣球》，此物缝制在儿童帽子前端，寓意吉祥如意。

附图 1-6 为刘永贵作品《牛龙银片》。牛龙是苗族特有的吉祥物，其文化内涵深厚，寓意吉祥，此物缝制在苗族女子的服饰上。

③

① 附图 1-4　刘永贵作品《麒麟》
② 附图 1-5　刘永贵作品《狮子舞绣球》
③ 附图 1-6　刘永贵作品《牛龙银片》

附图1-7为少数民族錾刻作品，采用发散构图，平錾鸟纹和花卉纹，寓意吉祥和光明

附图1-8为少数民族錾刻项圈局部，平錾鱼纹、鸟纹、龙纹等。

附图1-9为少数民族錾刻项圈局部，平錾鱼纹和花卉纹样，采用重复手法组成多层项圈。

① 附图 1-7　少数民族錾刻作品项圈局部
② 附图 1-8　少数民族錾刻作品项圈局部
③ 附图 1-9　少数民族錾刻项圈局部

附图 1-10 为日本工艺家
香川勝广作品《菊花图花瓶》
局部。

附图 1-11 为日本工艺家
塚田秀镜作品《富贵图对花瓶》
局部，牡丹花刻画生动，花心
和花叶做了分色处理，使视觉
效果更加强烈。

附图 1-12 为日本工艺家
桂光春作品《鹫图花瓶》局部，
生动地刻画了鹫的神情和气势。

附图 1-13 为日本工艺家
铃木美彦作品《引舟图花瓶》
局部，水纹和山石采用浮雕錾
刻手法，人物皮肤、帽子、斗
笠和礁石，先錾刻后做金银错，
色彩丰富，层次分明。

附图 1-14 为日本工艺家
海野清作品《藤花图花瓶》局
部，藤萝花刻画细腻入微，背
景的树叶采用剔錾方式，线条
流畅大胆，花与叶形成丰富的
视觉对比。

附图 1-10　《菊花图花瓶》局部，香川勝广作品

附图 1-11 《富贵图对花瓶》局部，塚田秀镜作品

附图 1-12　《鹫图花瓶》局部，桂光春作品

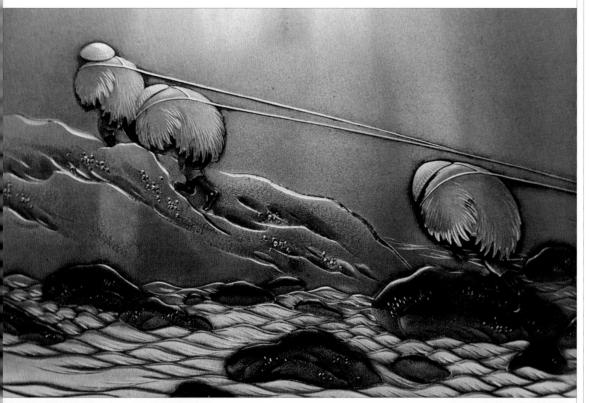

附图 1-13 《引舟图花瓶》局部，铃木美彦作品
附图 1-14 《藤花图花瓶》局部，海野清作品

附图 1-15 为日本工艺家塚田秀镜作品《张果老图》局部，
人物形象生动，剔錾线条有力而富于变化。

附图 1-15 《张果老图》局部，塚田秀镜作品

附图 1-16 为日本工艺家海野胜珉作品《布袋和尚》，整体形象生动传神，錾法线条灵活多变，采用剔錾手法结合鎏金工艺。

附图 1-16 《布袋和尚》海野胜珉作品

附图 1-17，1-18《海阔凭鱼跃 天高任鸟飞》满芊何作品。

作品运用材料变换手法表现现代设计理念。中间部分采用传统银质錾刻手法，表现了水中的摩羯和天上的仙鹤两个主题。木质围出的虚空间象征无尽的海域和天空。银质与木材在色彩、虚实、繁简、传统与现代等诸多方面形成了鲜明的对比。摩羯与仙鹤都反映出积极乐观向上的人生价值观和吉祥寓意。

此作品获得第八届中国黄金首饰设计大赛最佳材质组合奖。

附图 1-17　《海阔凭鱼跃，天高任鸟飞》之海阔凭鱼跃

附图 1-18　《海阔凭鱼跃，天高任鸟飞》之天高任鸟飞

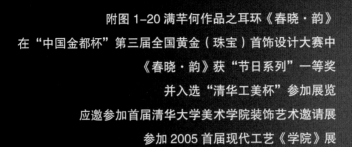

附图 1-20 满芊何作品之耳环《春晓·韵》

在"中国金都杯"第三届全国黄金（珠宝）首饰设计大赛中

《春晓·韵》获"节日系列"一等奖

并入选"清华工美杯"参加展览

应邀参加首届清华大学美术学院装饰艺术邀请展

参加 2005 首届现代工艺《学院》展

附图 1-21 满芊何作品之发簪《春晓·韵》

在"中国金都杯"第三届全国黄金（珠宝）首饰设计大赛中

《春晓·韵》获"节日系列"一等奖

并入选"清华工美杯"参加展览

应邀参加首届清华大学美术学院装饰艺术邀请展

参加 2005 首届现代工艺《学院》展

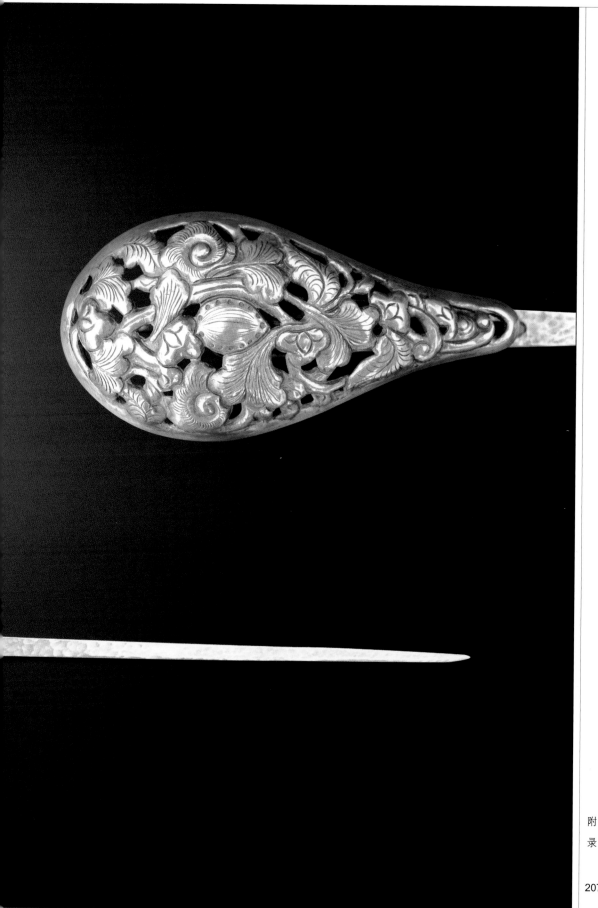

附录二 花丝作品赏析

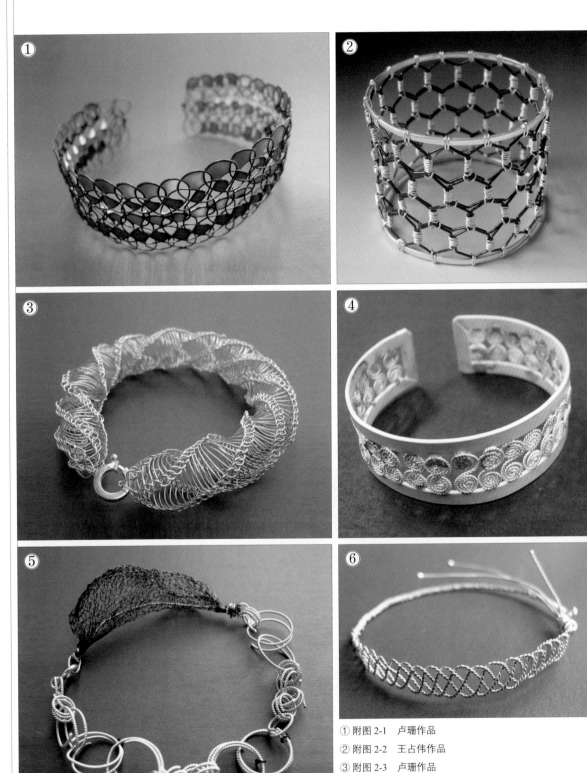

① 附图 2-1 卢珊作品

② 附图 2-2 王占伟作品

③ 附图 2-3 卢珊作品

④ 附图 2-4 李百合作品

⑤ 附图 2-5 师丹丹作品

⑥ 附图 2-6 张国本作品

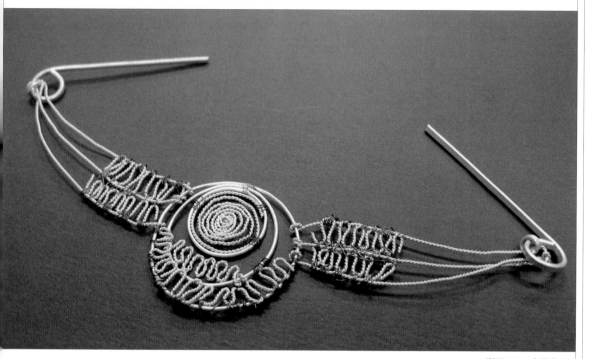

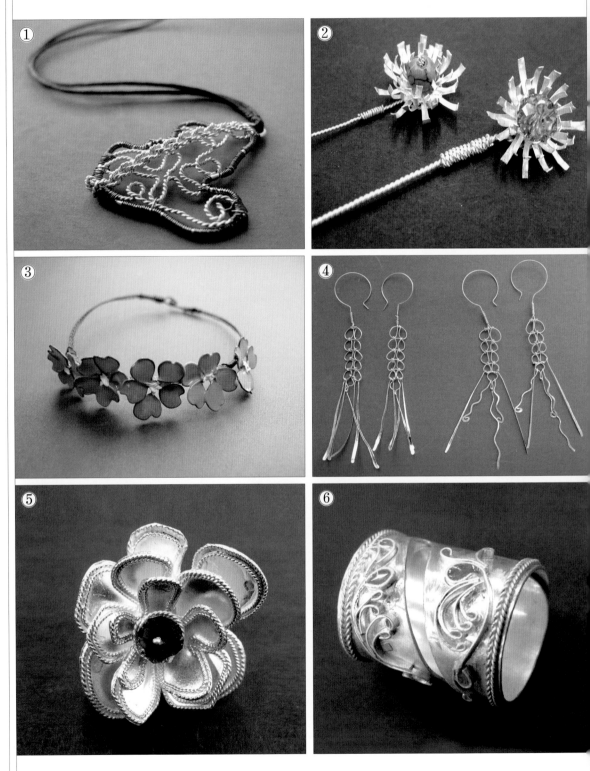

附图 2-17　周舒雅作品

附图 2-18　路昊彤作品

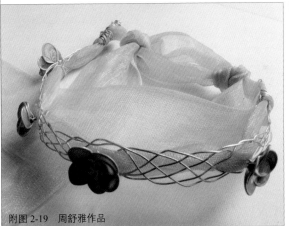

附图 2-19　周舒雅作品

附图 2-20　卢玮彤作品

附图 2-21　陈碧涵作品

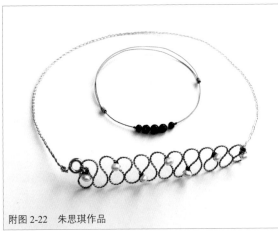

附图 2-22　朱思琪作品

附图 2-23　罗虞家作品

附图 2-24　曾曼菲作品

附图 2-25　蔡雨乐作品

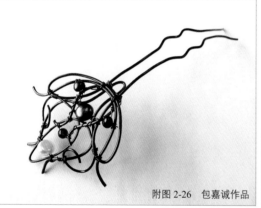

附图 2-26　包嘉诚作品

附图 2-27　毋晓萌作品

附图 2-28　郜帅作品

附图 2-29　赵瑞发作品

附图 2-30　朱凯茜作品

附图 2-31　温雨杉作品

附图 2-32　洪子奇作品

附图 2-33　吴申鹏作品

附图 2-34　孙小雯作品

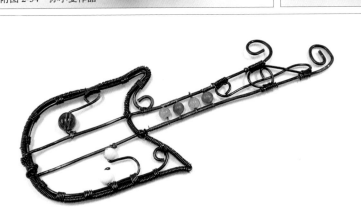

附图 2-35　姜淑静作品

附图 2-36　荣荣作品

附图 2-37　张昕怡作品

附图 2-38　李蔚潇作品

附图 2-39　艾力克木·艾尔肯作品

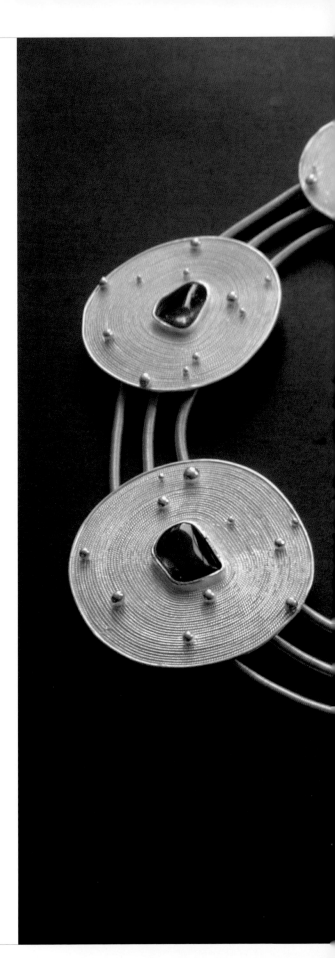

附图 2-40 满芊何作品《雨之记忆》。

此件作品采用花丝镶嵌工艺。灵感来源于雨水落入水中溅起的点点水花和荡开的层层涟漪。该作品荣获"中国金都杯"第六届中国（国际）黄金首饰设计大赛获得"节日系列"一等奖。

附录三　珐琅作品赏析

附图 3-1　陈相宜作品

附图 3-2　方思涵作品

附图 3-3　刘如冰作品

附图 3-4　李袤作品

附图 3-5　方思涵作品

附图 3-6　袁琦作品

附图 3-7 袁琦作品

附图 3-8 蒲浩林作品

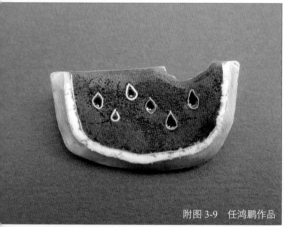

附图 3-9 任鸿鹏作品

附图 3-10 蒲浩林作品

附图 3-11 齐天怡作品

附图 3-12 张瑞津作品

附

录

附图 3-13　齐天怡作品

附图 3-14　苗婕作品

附图 3-15　王裕嘉作品

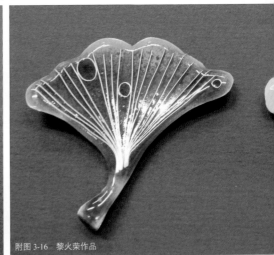

附图 3-16　黎火荣作品

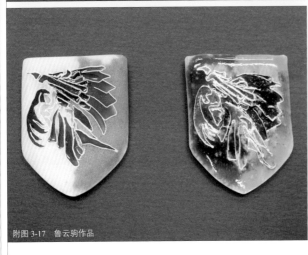

附图 3-17　鲁云驹作品

附图 3-18　郑宝香作品

附图 3-19　高玮瞳作品　　　　　　　　附图 3-20　柳力扬作品　　　　　　　　附图 3-21　马明羿作品

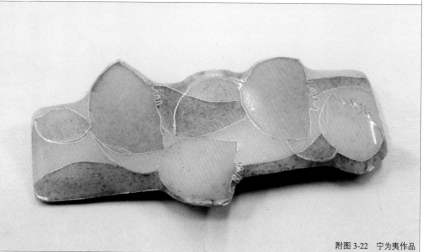

附图 3-22　宁为夷作品

附图 3-23　陈钟闻作品　　　　　　　　附图 3-24　张欣竹作品　　　　　　　　附图 3-25　陈相宜作品

附图 3-26　黄亮作品

附图 3-27　赵乾作品

附图 3-28　王茜作品

附图 3-29　陈钟闻作品

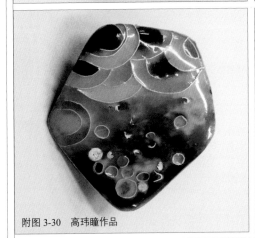

附图 3-30　高玮瞳作品

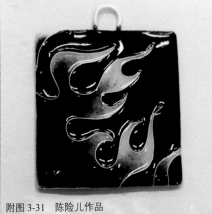

附图 3-31　陈险儿作品

附图 3-32　陈相宜作品

附图 3-33　邵睿婷作品

附图 3-34　齐紫云作品

附图 3-35 满芊何作品《生如夏花》。

作品灵感来源于夏天雨后，花儿受到雨露滋润，由含苞待放的花苞到盛开的花朵的整个过程，犹如人生最美丽的绽放。珐琅釉色的丰富变化细腻地呈现了夏花的绚丽。此系列作品获得第 26 届日本首饰艺术展入选作品，并应邀参加美国爱荷华大学举办的第四届爱荷华金属艺术展。

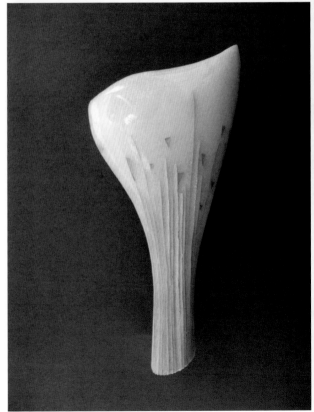

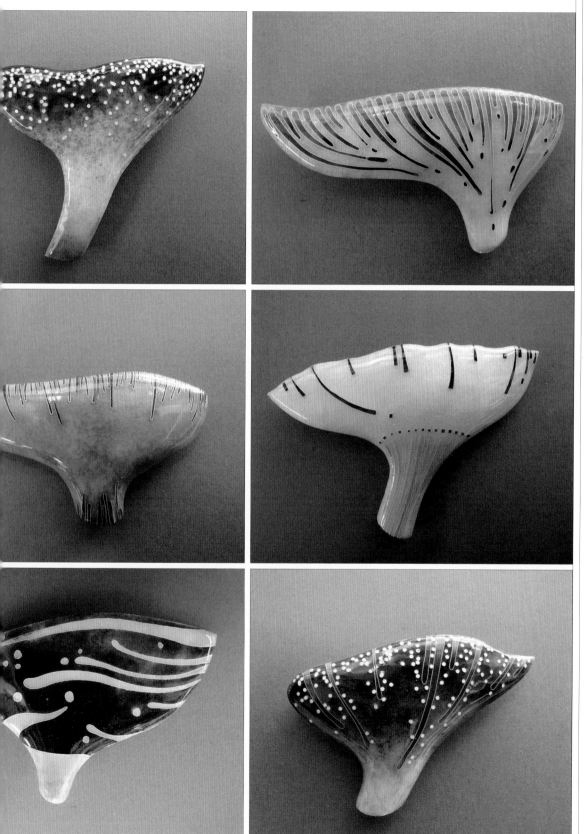

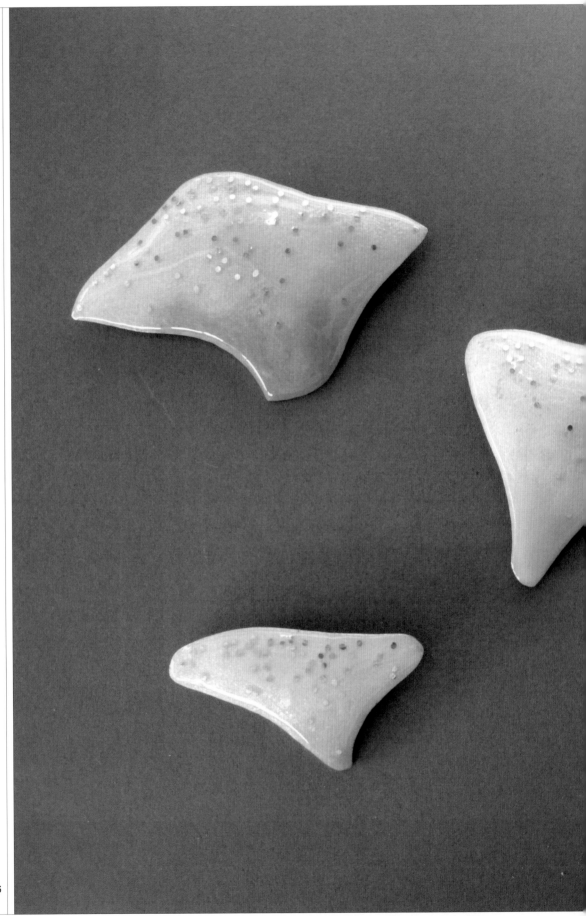

附图 3-37 满芊何作品《五行》

此系列作品为日本第 21 回国际美术工艺协会展入选作品

参加 2013 北京设计周饰品设计汇邀请展

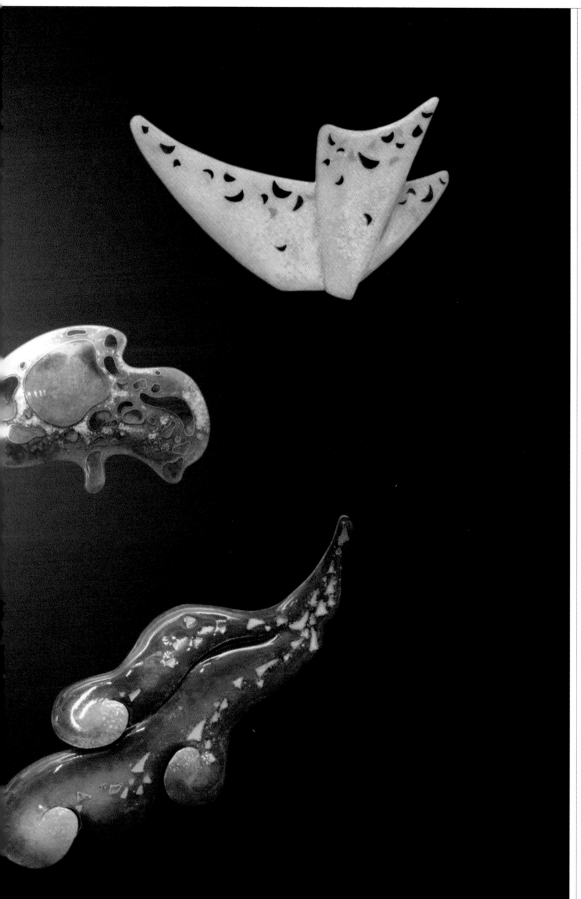

附图 3-38 满芊何作品《荷·意》。

荷花是花中君子，在佛教文化中具足一切圆满智慧。

我的名字"芊何"的字义是茂盛的荷花之意；"谦和"的音义则为谦谦君子，亦如荷花的君子之风；而"千荷"在数字概念里给了我另一种答案。荷花系列作品犹如画家绘自画像，努力探索个人与荷花的关系，试图展现平和、圆满、舒缓、自在、愉悦……

《荷·意》系列作品参加第 47 届北美金工首饰邀请展（SNAG）和 2018 中国国际黄金大会黄金精品展。

 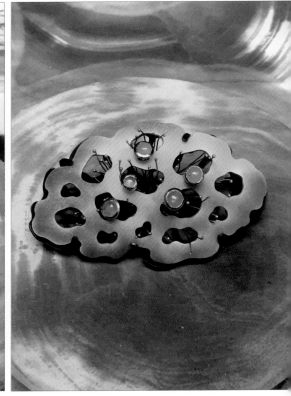

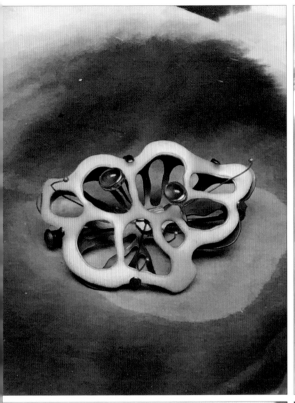

附图 3-39《春》满芊何作品。

作品灵感来源于春笋。采用金银错工艺表现地上竹笋节节生长和地下笋根层层围绕的形态。挺拔的造型表现了自强不息、顶天立地、不作媚世之态；黑白的色彩呈现了清华其外、澹泊其中、清雅脱俗的精神内涵。此套作品为 2009 伊丹国际工艺展首饰比赛入选作品。

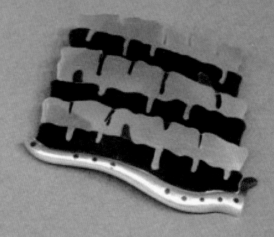

参考文献

[1] 唐绪祥，王金华。中国传统首饰 [M]. 北京，中国轻工业出版社，2009.

[2] 唐克美，李苍彦. 金银细金工艺和景泰蓝 [M]. 郑州：大象出版，2004.

[3] 关善明，孙机. 中国古代金饰 [M]. 香港：沐文堂美术出版社有限公司，2003.

[4] 田自秉. 中国工艺美术史 [M]. 上海：东方出版中心，1996.

[5] 戴吾三. 考工记图说 [M]. 济南：山东画报出版社，2003.

[6] [英] 麦克格兰斯. 英国珠宝首饰制作基础教程 [M]. 蔡璐莎，张正国，译. 上海：上海人民美术出版社，2009.

[7] [英] 麦克格兰斯. 珠宝首饰制作工艺手册 [M]. 张晓燕，译. 北京：中国纺织出版社，1996.

[8] 沈成旸. 首饰蜡模雕刻工艺 [M]. 上海：上海交通大学出版社，2011.

[9] 吴山. 中国工艺美术大辞典 [M]. 南京：江苏美术出版社，2010.

后　记

　　经过十几年首饰专业的探索、学习和教授，深感传统首饰制作工艺的重要，它不仅是一门手艺的传承，更是一种文化的沿袭。而关于传统首饰基础工艺的书籍又寥寥无几，基于以上缘由，我将一些基础的传统首饰工艺以文字和图片的形式呈献给大家，希望对大家有所帮助。

　　本书属于工艺实践类书籍，书中的每一种工艺都通过具体实例来进行解析，其中包括很多老首饰艺人的工艺流程记录，如北京马金良师傅、贵州刘永贵师傅以及云南傣族、白族老银匠等，在此对他们的无私帮助表示诚挚的感谢。感谢他们多年来对青年首饰爱好者的爱护、关怀与指导，以及对传统首饰的传承和发扬作出的贡献。感谢宋晓青同学在书籍编辑过程中对图片和文字所做的整理工作。感恩你们！

　　恳请首饰界的前辈们、专家学者们、广大的首饰爱好者和读者提出宝贵意见，使本书得到完善和提高。

满芊何

2018 年夏于北京理工大学